Dem Andenken meines Vaters

DRUCK VON OSCAR BRANDSTETTER
IN LEIPZIG

NORMUNG TYPUNG SPEZIALISIERUNG IN DER PAPIERMASCHINEN-INDUSTRIE

VON

DR.-ING. HEINRICH BIAGOSCH

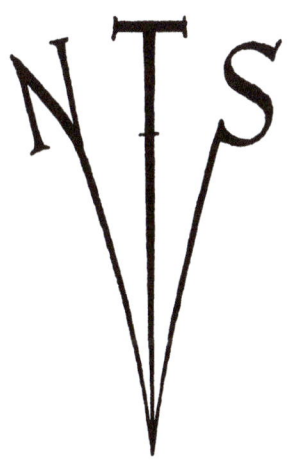

1924

Springer-Verlag Berlin Heidelberg GmbH

Additional material to this book can be downloaded from http://extras.springer.com

ISBN 978-3-642-51222-3   ISBN 978-3-642-51341-1 (eBook)
DOI 10.1007/978-3-642-51341-1
Softcover reprint of the hardcover 1st edition 1924

Die vorliegende Arbeit wurde zunächst als Dissertation der Technischen Hochschule zu Berlin eingereicht. Vielfach geäußerten Wünschen entsprechend wird sie nunmehr mit redaktionellen Änderungen und Ergänzungen der Öffentlichkeit zugänglich gemacht. Möge das in den Untersuchungen enthaltene statistische und belehrende Material sowie der Niederschlag jahrzehntelanger theoretischer und praktischer Erfahrungen innerhalb der Maschinenfabrik Karl Krause, Leipzig, zu deren Sammlung, Sichtung und kritischen Beleuchtung der Verfasser als Enkel des Gründers dieses Hauses sich berufen fühlte, der Maschinenindustrie und den papierverarbeitenden Gewerben nutzbringende Anregungen geben.

Meinem lieben Vater, dem es nicht mehr vergönnt war, die Fertigstellung dieser Arbeit zu erleben, widme ich das Buch in inniger Dankbarkeit, war er es doch, der für Vereinheitlichung und Verständigung im deutschen Maschinenbau schon zu einer Zeit eintrat, als diese Bestrebungen noch nicht Gemeingut des deutschen Erwerbs- und Wirtschaftslebens waren.

HEINRICH BIAGOSCH

Leipzig, Weihnachten 1924

INHALT

	Seite
Einleitung: VERANLASSUNG UND AUFGABE DES BUCHES	11
I. Teil: BEGRIFFSBESTIMMUNG UND GLIEDERUNG DER PAPIERMASCHINEN	19
II. Teil: NOTWENDIGKEIT WEITERER VEREINHEITLICHUNG	29
III. Teil: BISHERIGE NORMUNG, TYPUNG, SPEZIALISIERUNG	39
IV. Teil: WEGE ZU WEITERER VEREINHEITLICHUNG	63
V. Teil: VERSTÄNDIGUNG IM DEUTSCHEN MASCHINENBAU	87

ANHANG

1. Werkstoffe	99
2. Arbeitsvorgänge	100
3. Gliederung eines Arbeitsvorganges	101
4. Papier-Erzeugnisse	112
5. Gliederung eines Papier-Erzeugnisses	114
6. Papiermaschinenverzeichnis	116
7. Firmenverzeichnis	146
8. Branchenverzeichnis	151
9. Papierformatordnung	156
10. Literaturverzeichnis	158

BEILAGEN

1. Tabelle „Schneidemaschinen"
2. Tabelle „Kreisscheren, Rill-, Ritz- und Nutmaschinen"
3. Tabelle „Angaben über die Verarbeitung der gebräuchlichsten Werkstoffe auf Kreisscheren, Rill-, Ritz- und Nutmaschinen"
4. Graphische Ermittlungstafel zu Kreisscheren, Rill-, Ritz- und Nutmaschinen

EINLEITUNG / VERANLASSUNG UND AUFGABE DES BUCHES

VERANLASSUNG UND AUFGABE DES BUCHES

Die mit der Normung, Typung und Spezialisierung zusammenhängenden Fragen sind grundsätzlich geklärt und die außerordentliche Bedeutung des Vereinheitlichungsgedankens für die deutsche Wirtschaft anerkannt. Eine umfangreiche, tiefgründige Literatur legt Zeugnis davon ab, daß diese Gedanken theoretisch erwogen und teilweise praktisch zur Durchführung gebracht wurden. Um ein systematisches Vorgehen zu ermöglichen und einer Zersplitterung vorzubeugen, ergab sich die Notwendigkeit, Zentralstellen für die Fragen der Normung, Typung und Spezialisierung zu schaffen. Der Normenausschuß der Deutschen Industrie und der Ausschuß für wirtschaftliche Fertigung entstand, von denen der letztgenannte sich besonders den Spezialisierungsfragen widmet. Dieser planmäßigen Zusammenfassung ist es in erster Linie zu danken, daß weite Kreise von der Notwendigkeit und dem Nutzen der Normungsidee immer mehr durchdrungen werden und daß endlich ein erheblicher Teil der Vereinheitlichungsgedanken für die Praxis nutzbringend verwertet wurde.

Aus der Fülle der vorhandenen Begriffsbestimmungen sei hervorgehoben:

Normung ist Vereinheitlichung der Grundelemente[1])
Typung ist Vereinheitlichung der Gesamtkonstruktion[1])
Spezialisierung ist Arbeitsteilung[2]).

Man unterscheidet auch[3])

a) Vereinheitlichungen, die eine Verständigung über Fragen hauptsächlich organisatorischen Charakters, also Mittel geistiger Arbeit, darstellen;

b) Vereinheitlichungen, die das Produkt einer Verständigung oder irgendwelche Eigenschaften von Dingen, also Mittel körperlicher Art, sind.

In Ergänzung der letztgenannten Begriffsbestimmungen zählt:

zu a) die Normung oder Normensetzung, d. h. Verständigung über allgemein gültige organisatorische Regeln mit dispositivem Charakter;

zu b) die Normalisierung, d. h. Verständigung über die Abmessungen und Formen von Einzelteilen industrieller Erzeugnisse sowie die

---

[1]) Prof. Dr.-Ing. Schlesinger: Über Normung, Typung und Spezialisierung. Verlag Normenausschuß der Deutschen Industrie, Berlin.

[2]) Ing. Schulz-Mehrin: Die industrielle Spezialisierung, Wesen, Wirkung, Durchführungsmöglichkeiten und Grenzen. Berlin 1920, VDI-Verlag.

[3]) Dr. Garbotz: Vereinheitlichung in der Industrie. München und Berlin 1920, R. Oldenbourg.

VERANLASSUNG UND AUFGABE DES BUCHES

Typisierung, d. h. Verständigung über die Beschränkung der Ausführungsformen der *ganzen Erzeugnisse* auf unbedingt notwendige und bewährte allgemein gültige Typen.

Schließlich darf als Bindeglied zwischen a) und b) gelten die Spezialisierung, d. h. Verständigung über die Verteilung der Herstellung dieser Typen auf die einzelnen Unternehmungen.

Es liegt der Wunsch nahe, für noch nicht oder wenig bearbeitete Fachgebiete Untersuchungen über Normung, Typung und Spezialisierung durchzuführen. Im vorliegenden Falle soll sich die Untersuchung auf die Maschinenindustrie erstrecken, die sämtliche für die Papierindustrie und das graphische Gewerbe in Betracht kommenden Maschinen — vom Verfasser kurzweg „Papiermaschinen" genannt! — herstellen. Soweit dabei das graphische Gewerbe in Frage kommt, sind solche Vereinheitlichungsbestrebungen nicht neu. Die Fächereinteilung eines Setzkastens, das Schrift- und Ausschlußmaterial des Setzers und Druckers sind beispielsweise längst nach allgemein gültigen Normen festgesetzt. Von einschneidender Bedeutung war die *Normung der Papierformate*, die sich nach langwierigen Vorarbeiten und Überwindung zahlreicher Widerstände durchzusetzen beginnt. Der Normenausschuß für das graphische Gewerbe hat in Gemeinschaft mit dem Normenausschuß der Deutschen Industrie die DIN-Formate festgesetzt, die sich in vier Reihen gliedern, von denen die Reihe A als Vorzugsreihe gilt. Im Anhang des Buches ist eine tabellarische Erläuterung dieser Papierformatordnung abgedruckt.

Die Einführung der DIN-Formate in die Praxis hat begonnen, wobei maßgebende Behörden und industrielle Unternehmungen mit gutem Beispiel vorangingen. Die Auswirkung dieser Maßnahmen läßt sich noch nicht übersehen, aber es ist möglich, daß die daran geknüpften Erwartungen nicht nur erreicht, sondern noch übertroffen werden. Die mit der Formatordnung zusammenhängenden Fragen sind in vieler Hinsicht bereits geklärt, und es sei besonders auf das DIN-Buch I, 2. Auflage „Papierformate", und auf die für dieses Gebiet schon erschienenen oder als Entwurf vorgelegten Normenblätter verwiesen.

Es ist einleuchtend, daß die Papierformatnormung nicht ohne Einfluß auf die Papiermaschinen bleiben konnte. In Betracht kommen solche Maschinen, die der Papierherstellung, der Papierverarbeitung und dem Druck dienen. Dieser Überlegung wurde vom Normenausschuß für das Graphische Gewerbe dadurch Rechnung getragen, daß u. a. der *Papierverarbeitungs-Maschinen-Verband* (PMV) zur Mitwirkung an der Arbeit des Normenausschusses für das Graphische Gewerbe herangezogen wurde. Der Vorsitzende des Papierverarbeitungs-Maschinen-Verbandes, Geh. Kommerzienrat Heinrich Biagosch,

VERANLASSUNG UND AUFGABE DES BUCHES

Seniorchef der Firma Karl Krause in Leipzig, nahm als Vertreter der Maschinenfabriken an der Mehrzahl der Sitzungen des Ausschusses teil und trat im Interesse des von ihm vertretenen Verbandes lebhaft für Normung der Papierformate ein in bewußter Voraussicht der für die gesamte Papiermaschinenindustrie hieraus sich ergebenden Vorteile. —

Die deutsche Papiermaschinenindustrie stellt einen wichtigen Faktor unseres Wirtschaftslebens dar. Zahlenmäßige Angaben, aus denen sich Umfang und Eigenart dieser Industrie erkennen lassen, sind teils noch nicht zusammengestellt, teils als vertrauliche Unterlagen in den Verbänden vorhanden. Beachtet man, daß in der Nachkriegszeit die deutsche Volkswirtschaft mehr denn je auf den Export angewiesen ist, so kann erfreulicherweise festgestellt werden, daß die Papiermaschinenindustrie bereits seit Jahrzehnten erfolgreich an der Ausfuhr deutscher Fertigfabrikate beteiligt ist. Nicht selten sind die Werke, die etwa nur die Hälfte ihrer Produktion in Deutschland absetzen, bei manchen ist der Anteil am Export noch größer. Genauere Daten über den Anteil des Inlandabsatzes und des Exportes an der Gesamtproduktion aller Werke fehlen.

Von den Ende 1923 dem Papierverarbeitungs-Maschinen-Verband angehörenden Werken werden etwa 10000 Arbeiter beschäftigt. Die Gesamtbelegschaft der Werke ist, da nur die Zahl der Arbeiter angegeben wurde, entsprechend höher einzusetzen. Hinzu kommen noch die Zahlen der Arbeiter bzw. Belegschaften der Firmen, die dem Verband nicht angehören, ferner der im Papierherstellungs-Maschinen-Verband (PHV) und der Vereinigung deutscher Druckmaschinenfabriken (VDD) vereinigten Maschinenfabriken sowie endlich die nicht geringe Zahl der keinem der genannten Verbände angehörenden Betriebe.

Noch bevor der Papierverarbeitungs-Maschinen-Verband ins Leben gerufen wurde, ist innerhalb der Papiermaschinenindustrie der Gedanke der Vereinheitlichung vereinzelt zur Anwendung gebracht worden. Besonders hervorzuheben ist das Vorgehen des Verbandes Deutscher Kuvert-Maschinen-Fabrikanten (VDKF) und einzelner namhafter Werke. Die nachweislich erzielten Erfolge, die im dritten Abschnitt dieses Buches näher ausgeführt sind, ermutigen zu weiterem planmäßigen Vorgehen auf dem Wege der Vereinheitlichung innerhalb der Papiermaschinenindustrie.

In der Hauptversammlung des Papierverarbeitungs-Maschinen-Verbandes, die am 29. Juni 1918 in Eisenach stattfand, beschäftigte man sich eingehend mit dem Gedanken der Spezialisierung. Ohne einen Beschluß in dieser Angelegenheit zu fassen, kam man doch überein, Pflege und Durchführung des Vereinheitlichungsgedankens den einzelnen Gruppen durch gegenseitiges frei-

VERANLASSUNG UND AUFGABE DES BUCHES

williges Übereinkommen zu überlassen und auf diese Weise insbesondere darauf hinzuwirken, daß die Zahl der Maschinenarten und der Typen verringert werde. Im Jahre 1919 wurde der Papierverarbeitungs-Maschinen-Verband Mitglied des Ausschusses für wirtschaftliche Fertigung, der sich der Spezialisierungsfrage mit angenommen hat. Die Spezialisierungsfrage spielte bei den weiteren Zusammenkünften des Vorstandes und der Mitglieder des Verbandes wiederholt eine Rolle, aber abgesehen von einigen dahinzielenden Beschlüssen kam die ganze Angelegenheit nicht recht vorwärts. Es fehlte an der tatkräftigen Unterstützung aller an der Vereinheitlichung interessierten Werke, die notwendig gewesen wäre, um Ersprießliches leisten zu können.

Aufgabe der nachfolgenden Untersuchungen soll sein:

1. *zu beweisen, daß weitere Normung, Typung, Spezialisierung in der Papiermaschinenindustrie erwünscht ist,*
2. *an einigen Beispielen zu zeigen, wie Normung, Typung, Spezialisierung möglich ist,*
3. *Wege zu weiterem Vorgehen zu weisen.*
4. *die Wichtigkeit einer Verständigung im deutschen Maschinenbau über die Arbeitsteilung (Spezialisierung) insbesondere auf den Grenzgebieten zu betonen und der Idee der Normung, Typung und Spezialisierung im deutschen Maschinenbau förderlich zu sein, vornehmlich in den Industrien, in denen die Verhältnisse ähnlich liegen wie in der Papiermaschinenindustrie.*

Naturgemäß kann es nicht die Aufgabe des Verfassers sein, alle mit der Normung, Typung und Spezialisierung zusammenhängenden Fragen für das Fachgebiet „Papiermaschinenindustrie" zu klären. Es galt vielmehr, Wesentliches herauszugreifen, das der weiteren Verfolgung des Vereinheitlichungsgedankens in dieser Industrie dienen soll. Die Durchführung selbst muß den interessierten Kreisen überlassen bleiben.

Von den „Papiermaschinen", deren Begriffsbestimmung im nächsten Abschnitt erfolgt, und zwar in einer anderen als in der üblichen Weise, werden nur die bisher als „Papierverarbeitungsmaschinen" geltenden Maschinen sowie die „Druckmaschinen" ausführlicher behandelt, während die „Papierherstellungsmaschinen" mit der Frage der Vereinheitlichung nur soweit erforderlich in Verbindung gebracht werden.

Trotz Begrenzung der Aufgabe und trotz des Bestrebens, in knapper Form den sehr umfangreichen Stoff darzustellen und nur die wichtigsten Übersichten und Anlagen als Beweismaterial zu bringen, wuchs die Arbeit über den ursprünglich beabsichtigten Umfang hinaus. Im Gegensatz zu den Gebieten

VERANLASSUNG UND AUFGABE DES BUCHES

„Herstellung von Papier" und „Druckverfahren" mangelt es an einem größeren zusammenfassenden Werk, das sich speziell mit der „Verarbeitung von Papier" befaßt. Andere Industrien, die sich beispielsweise mit der „Verarbeitung von Metallen" beschäftigen, sind mit reichhaltigerem Fachschrifttum versehen.

Um diesem Mangel zu einem bescheidenen Teil abzuhelfen, erschien es dem Verfasser ratsam, auf dem Gebiete der „Verarbeitung von Papier" in langjähriger Arbeit zusammengetragenes und gesichtetes Material, das zum größten Teil in der Praxis erprobt wurde, zu veröffentlichen. Abgesehen davon, daß die folgenden Ausarbeitungen und Übersichten als notwendig erachtet wurden, um ein einigermaßen abgerundetes Bild über das Gesamtproblem der Normung, Typung und Spezialisierung in der Papiermaschinenindustrie zu geben, erschien die Bekanntgabe schließlich auch deshalb wünschenswert, weil nicht zu erwarten sein dürfte, daß das Versäumte von anderer Seite in nächster Zeit nachgeholt würde.

I. TEIL / BEGRIFFSBESTIMMUNG UND GLIEDERUNG DER PAPIERMASCHINEN

GLIEDERUNG DER PAPIERMASCHINEN

Begriffsbestimmung und Gliederung der Papiermaschinen bildet die Voraussetzung für eine klare Erkenntnis des Gebietes, das den nachfolgenden Untersuchungen zugrunde gelegt werden soll. Die Papiermaschinen stellen einen wichtigen Teil der Erzeugnisse der deutschen Maschinenindustrie dar, die ihre Fabrikate derartig gegliedert hat, daß einzelne Maschinenarten in zweckmäßiger Weise in einem durch den Verein Deutscher Maschinenbauanstalten aufgestellten Gliederungsplan in Gruppen zusammengefaßt wurden. Innerhalb der so entstandenen Fachverbandsgruppen des VDMA veranschaulicht Gruppe IX:

Maschinen für die Papierindustrie und für das graphische Gewerbe.

Diese Gruppe gliedert sich in drei Untergruppen:

a) Papierherstellungsmaschinen.

Maschinen zur Herstellung von Papier	Papierherstellungsmaschinenverband (PHV), Ausfuhrverband für Holländermesser (HMV).
Ferner	
Metalltuchwebstühle und Drahtwebstühle	Convention der Metalltuch- und Drahtwebstuhlfabrikanten (CMD).

b) Papierverarbeitungsmaschinen.

Maschinen zur Verarbeitung von Papier	Papierverarbeitungs-Maschinen-Verband (PMV)
	Verband deutscher Kuvertmaschinenfabrikanten (VDKF).

(Die Mitglieder des VDKF gehören auch dem PMV an.)

c) Druckmaschinen.

Gesamtverband: Vereinigung Deutscher Druckmaschinenfabriken (VDD).

Schnellpressen	Gruppe I
Tiegeldruckpressen	Gruppe II
Rotationsdruckmaschinen	Gruppe III
Gummidruckmaschinen	Gruppe IV
Steindruckschnellpressen	Gruppe V
Tiefdruckschnellpressen	Gruppe VI

GLIEDERUNG DER PAPIERMASCHINEN

Spezialmaschinen für Billettdruck . . . . Gruppe VII
Bogenanleger für Schnellpressen . . . . Gruppe VIII
Maschinen für Flachstereotypie . . . . Gruppe IX
Galvanoplastische und chemigraphische Maschinen und Hilfsmaschinen . . . . Gruppe X

Im Interesse einer klaren und insbesondere knappen Benennung schlägt der Verfasser vor, statt „Maschinen für die Papierindustrie und das graphische Gewerbe" kurz „*Papiermaschinen*" zu sagen und diese Sammelbezeichnung allgemein einzuführen. Der Fachausdruck „Papiermaschinen" ist allerdings schon vorhanden und kennzeichnet bisher Langsieb- und Rundsiebmaschinen, die der eigentlichen Papiererzeugung dienen. Aber der Begriff „Papiermaschinen" ist ja auch allumfassend gedacht, ähnlich wie man unter der Bezeichnung „Schneidemaschine" die verschiedensten Maschinenarten, wie Hebelschneidemaschine, Räderschneidemaschine, Schnellschneidemaschine, Tütenschneidemaschine, Musterschneidemaschine, Dreischneider, Planschneider, Längs-, Quer- und Diagonalschneider, versteht.

Im V. Teil dieses Buches werden als Gruppe II der im Verein Deutscher Maschinenbauanstalten zusammengeschlossenen Verbände „Textilmaschinen" angeführt. Unter dieser knappen Bezeichnung sind nicht weniger als 15 verschiedene wichtige Gruppen von Maschinen erwähnt, die in der Textilindustrie Verwendung finden. Wie man hier mit einer einheitlichen, kurzen Benennung das gesamte Gebiet der Maschinen für die umfangreiche Textilindustrie kennzeichnet, so müßte sich auch für das gleichfalls wichtige und weitverzweigte Gebiet der Papierindustrie und des graphischen Gewerbes die vorgeschlagene Bezeichnung „Papiermaschinen" leicht einbürgern. Nach wie vor werden in diesem Buche die „Papiermaschinen" wie bisher unterteilt und als Papierherstellungsmaschinen, Papierverarbeitungsmaschinen und Druckmaschinen in Gruppen zusammengefaßt. Ist also in den folgenden Ausführungen von „Papiermaschinen" die Rede, so sind sämtliche Maschinen für die Papierindustrie und für das graphische Gewerbe gemeint, wird z. B. von Papierverarbeitungsmaschinen gesprochen, so handelt es sich um Maschinen, die der eigentlichen Papierverarbeitung dienen und die einzeln im Anhang 6 aufgeführt sind. Grenzgebiete innerhalb des deutschen Maschinenbaus, soweit sie die Papiermaschinen berühren, werden im IV. Teil dieses Buches hervorgehoben.

Wenn auch auf den ersten Blick die Unterteilung der Gruppe IX des Vereins Deutscher Maschinenbauanstalten und die Eingliederung der einzelnen Maschinen in die Untergruppen klar erscheinen mag, so haben sich doch Schwierigkeiten insofern ergeben, welchen Untergruppen einzelne strittige

GLIEDERUNG DER PAPIERMASCHINEN

Maschinen zuzuteilen sind. Welche Schwierigkeiten bei der Eingliederung der Maschinen zutage traten und wie strittige Grenzfälle auf Grund allgemeiner Verständigung geregelt wurden, geht aus folgenden Übersichten hervor:

I. Papierherstellung.

Erzeugnis: Rohpapier, Rohpappe in ihren verschiedenen Arten,
zur Papierherstellung erforderliche Maschinen: Die Papierherstellungsmaschinen und die zugehörigen Hilfsmaschinen und Apparate.

II. Papierveredlung.

Umwandlung roher Papiere (I) zu verschiedenen Gebrauchszwecken.
Erzeugnis: Gebrauchsfertiges Papier in seinen verschiedenen Arten. Papierveredlung ist nicht nötig bei den Rohpapieren, die als solche verarbeitet werden und nicht veredelt zu werden brauchen,
die zugehörigen Maschinen: Eine Benennung „Papierveredlungsmaschinen" hat sich nicht eingebürgert. Eine derartige Bezeichnung ist für die Maschinen, die ausschließlich der Papierveredlung dienen, naheliegend.

Im ersten Papierverarbeitungsmaschinen-Gesamtverzeichnis (siehe Anhang 6) des am 17. Dezember 1917 gegründeten Papierverarbeitungs-Maschinen-Verbandes werden Maschinen, die der Veredlung und Umwandlung roher Papiere zu verschiedenen Gebrauchszwecken dienen, noch als Papierverarbeitungsmaschinen aufgeführt. Dieser Einteilung lag die Auffassung zugrunde, daß die Papierherstellung mit dem Rohpapier abschließt, da das Papier als solches hergestellt ist. Das Rohpapier wird weiterverarbeitet durch sonstige Veredlungs- und Vollendungsarbeiten, und alle hierbei verwendeten Maschinen können als Papierverarbeitungsmaschinen gelten. Eine solche Gliederung wird als sachliche besonders unterstrichen, weil der Veredlung dienende Maschinen häufig bei der Verarbeitung sowohl roher als auch veredelter, insbesondere technischer Papiere benötigt werden, also „Papierverarbeitungsmaschinen" sind, während diese Maschinen bei der eigentlichen Papierherstellung nicht Verwendung finden.

Trotzdem wurde die oben skizzierte Einteilung nicht beibehalten, weil Firmen, die Papierherstellungsmaschinen erzeugen, auch solche Maschinen in ihrem Bauprogramm haben, die Papier speziell veredeln, um komplette Anlagen liefern zu können. Sie sträubten sich gegen obige Gliederung mit der Begründung, daß die Veredlungs- und Vollendungsarbeiten nötig seien, um das gewünschte Papier „herzustellen".

Man kam überein, aus der bisherigen Gruppe VII des PMV die Papierkalander aller Art, Quer- und Schrägschneidemaschinen, Rotationsrollmaschi-

GLIEDERUNG DER PAPIERMASCHINEN

nen (für Rohpapiere) und separat stehende Feuchtmaschinen herauszunehmen und zu einer „Zwischengruppe" zusammenzuschließen.

Es bleibt nun noch übrig, den Begriff Papierverarbeitung zu bestimmen:

III. Papierverarbeitung.

Verarbeitung von Rohpapier (I) sowie veredeltem Papier (II).

Erzeugnis: Die Erzeugnisse der Papierindustrie und des graphischen Gewerbes (siehe Anhang 4),

die zugehörigen Maschinen (siehe Anhang 6):
1. Papierverarbeitungsmaschinen,
2. Druckmaschinen,
3. Büromaschinen (nur der Vollständigkeit halber hier aufgeführt, bleiben unberücksichtigt).

Vor Gründung des Papierverarbeitungs-Maschinen-Verbandes waren zwei Bezeichnungen, und zwar Papierverarbeitungsmaschinen und Papierbearbeitungsmaschinen üblich. Nach Gründung des PMV und Wahl seines Namens gewann der Fachausdruck Papierverarbeitungsmaschinen die Oberhand, neben dem der andere Ausdruck auch noch Anwendung findet.

Die der Papierverarbeitung (III) dienenden Maschinen zerfallen, bisherigem Gebrauche entsprechend, in Papierverarbeitungsmaschinen und Druckmaschinen. Druckmaschinen sind auch Papierverarbeitungsmaschinen, haben sich jedoch als Sondergruppe herausgebildet. Sowohl Papierverarbeitungsmaschinen, auch solche, die der Papierveredlung dienen (II, einschließlich Zwischengruppe), als auch Druckmaschinen sind dieser Arbeit zugrunde gelegt. Es ist jedoch den *Papierverarbeitungsmaschinen besondere Beachtung* gewidmet, denn die Arbeit würde zu umfangreich werden, auch standen die Werke, die Druckmaschinen bauen, von jeher Vereinheitlichungsbestrebungen sympathisch gegenüber und waren hierbei auch erfolgreich.

Grenzgebiete gibt es ebenfalls zwischen Papierverarbeitungsmaschinen und Druckmaschinen. Verschiedene Papierverarbeitungsmaschinen enthalten Druckeinrichtungen, auch werden z. B. Tapetendruckmaschinen als Papierverarbeitungsmaschinen angesehen. Da jedoch der Papier-Verarbeitungsmaschinen-Verband und die Vereinigung deutscher Druckmaschinenfabrikanten die Begriffe und Arbeitsgebiete geklärt und eindeutig festgelegt haben, ist jeder Zweifel behoben.

Genau wie die Druckmaschinen ihrer Mannigfaltigkeit wegen in Gruppen unterteilt werden mußten, war dies bei den Papierverarbeitungsmaschinen auch notwendig. Zurzeit gilt folgende Gruppeneinteilung des Papierverarbeitungsmaschinen-Verbandes:

GLIEDERUNG DER PAPIERMASCHINEN

Gruppeneinteilung des Papierverarbeitungs-Maschinen-Verbandes.

I: Maschinen und Hilfsmaschinen für Buch- und Steindruckereien, für die Buchbinderei und Kartonnagenherstellung, Prägemaschinen.

Ib: Perforiermaschinen.

II: Maschinen zum Lochen, Heften, Ösen, Verbinden und Falzen.

III: Maschinen zum Gummieren, Lackieren und Bronzieren von Papier in Bogen und Blech, zum Kleben, Etikettieren, Talkumieren und Pudern (Papier und Keramik), Maschinen zum Rollenschneiden und -wickeln.

IV: Flachbeutelmaschinen, die mit Oberstempel arbeiten und Versandtaschenmaschinen, ferner Hilfsmaschinen, die zu diesen Maschinen gehören. Der Verband deutscher Kuvertmaschinenfabrikanten (VDKF) gehört der Gruppe geschlossen an.

V: Von der Rolle arbeitende Spitztüten- und Beutelmaschinen mit und ohne Druckeinrichtung und dazu gehörige Hilfsmaschinen, mit Falzmesser und Walzen arbeitend, sowie Bodenbeutelmaschinen von der Rolle und vom Blatt arbeitend, mit und ohne Druckeinrichtungen.

Vb: Verpackungsmaschinen.

VI: Hilfsmaschinen für Papier-, Chromo-, Buntpapier- und Tapetenherstellung, Rollenklebmaschinen, Rollengummier- und Lackiermaschinen, Wellpappenmaschinen, Maschinen zur Herstellung technischer und photographischer Papiere, Auftrag- und Prägniermaschinen, Gaufrier- und Prägemaschinen mit Farbwerk, Gaufrierkalander mit Farbwerk, Filmherstellungsmaschinen.

Zwischengruppe:

Papierkalander aller Art, Quer- und Schrägschneidemaschinen, Rotationsrollmaschinen (für Rohpapier), separat stehende Feuchtmaschinen.

Ein *alphabetisches* Verzeichnis aller Papierverarbeitungsmaschinen ist im Anhang 6 zu finden, in dem absichtlich sämtliche Benennungen Aufnahme fanden, die in Katalogen und Werbeblättern von 145 deutschen Werken, die solche Maschinen bauen, enthalten sind. Die somit entstandene Ordnung nach dem Alphabet kann als *Vorarbeit für systematische Gliederungen* dienen.

Im Interesse der Klarheit ist *Vereinheitlichung* und Verminderung der bisher üblichen Bezeichnungen sehr erwünscht. Es dürfte ein leichtes sein, mit einer erheblich geringeren Anzahl von Benennungen als bisher auszukommen. Ein Beispiel aus der Praxis lehrt, daß 350 jetzt übliche Maschinennamen auf 77, also um etwa 80% vermindert wurden. Dies würde,

GLIEDERUNG DER PAPIERMASCHINEN

gleiche Beschränkungsmöglichkeit bei allen Papierverarbeitungsmaschinen vorausgesetzt, eine Kürzung von 1450 auf 290 Benennungen bedeuten.

Bei der Wahl der Bezeichnungen ist eine Auslese aus vorhandenen naheliegend, da man allgemein an diese gewöhnt ist. Können einwandfreie Benennungen beibehalten werden, so soll es geschehen, ist es nicht der Fall, so empfiehlt sich, unbedenklich an die Bildung neuer Maschinennamen heranzugehen. An die neuen Benennungen wird man sich gewöhnen, wie man sich an die alten und oftmals unklaren und schlechten gewöhnt hat. Diese neu zu wählenden müßten so kurz und treffend wie nur möglich sein. Vorhandene Bezeichnungen sollte man namentlich dann nicht als unabänderlich hinnehmen, wenn sie weitschweifig und umständlich zusammengesetzt sind, sondern sich bemühen, kürzere und doch prägnante zu finden. Wo die Muttersprache versagt, muß die Kunstsprache aushelfen. In den Industrien, wo es entweder Herstellungs- oder Verarbeitungsmaschinen gibt, ist es nur eine Frage der Gewohnheit, beispielsweise statt Zündholzherstellungsmaschinen zu sagen „Zündholzmaschinen" und statt Lederbearbeitungsmaschinen „Ledermaschinen".

Sonderwünsche dürfen nicht wie bisher den Ausschlag geben. Es bleibt jedem unbenommen, in Katalogen, Prospekten, Inseraten und anderen Werbesachen den vereinheitlichten Bezeichnungen der Maschinen ergänzende Zusätze anzufügen, wie z. B. Schneidemaschinen zum Beschneiden von Papier, Pappe, Leder usw., Prägepressen für Golddrucke, Blind- und Farbdrucke, Pappscheren mit Kreismessern. Durch diese und ähnliche, erläuternde Zusätze wird den kaufmännischen Wünschen Rechnung getragen, andererseits bleibt aber die Klarheit und Eindeutigkeit der vereinheitlichten Maschinenbezeichnungen unangetastet. Im übrigen sei auf die Literatur[1] verwiesen.

Als wertvolle Unterstützung kann dabei die Vorarbeit des Papierverarbeitungsmaschinen-Verbandes gelten, der die erste systematische Gliederung der Maschinenarten durchführte.

In den vorstehenden Ausführungen ist die bisherige Gliederung der Fachverbandsgruppe IX des Vereins deutscher Maschinenbauanstalten und die Gliederung ihrer Untergruppen aufgeführt und erläutert.

Es wird später auf die Möglichkeit und teilweise Notwendigkeit *anderer systematischer Gliederungen* eingegangen, und zwar sowohl der Papiermaschinen als auch der übrigen Maschinen des deutschen Maschinenbaues, also der Fachgruppe IX und der übrigen Fachverbandsgruppen des Vereins deutscher Maschinenbauanstalten.

---

[1] Dr. Porstmann, Sprache und Schrift. Verlag des Vereins Deutscher Ingenieure, Berlin.

GLIEDERUNG DER PAPIERMASCHINEN

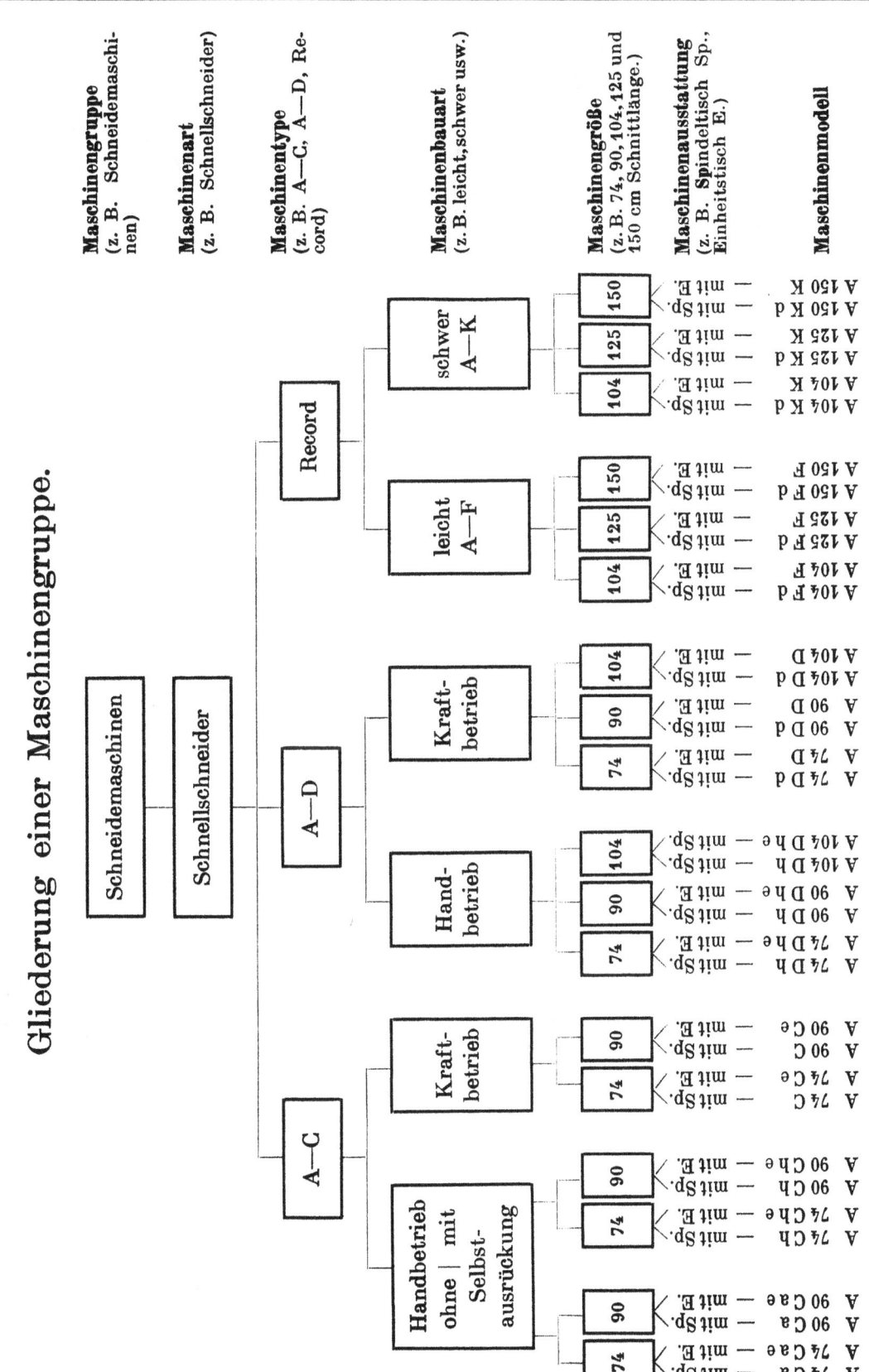

GLIEDERUNG DER PAPIERMASCHINEN

Was die Papierverarbeitungsmaschinen betrifft, mit deren Untersuchung sich vorliegendes Buch besonders beschäftigt, so ist bei diesen im Anhang 6 eine Ordnung nach dem Alphabet bereits erfolgt. Die bisherige systematische Gliederung aber kann, da sie ja auch für andere Zwecke aufgestellt ist, nicht den Anforderungen genügen, die bei weiterer Normung, Typung und Spezialisierung sich ergeben. Die erste *systematische Gliederung* der Maschinenarten wurde im Papierverarbeitungs-Maschinen-Verband vorgenommen. In der ordentlichen Hauptversammlung dieses Verbandes am 29. Juni 1918 in Eisenach führte der Vorsitzende, Geheimrat *Biagosch*, u. a. aus: „Die wichtigste Aufgabe des Verbandes wurde darin erblickt, die Wettbewerbsfirmen einander näher zu bringen, denn die kommenden Zeiten werden viel zu ernst für uns sein, als daß wir uns gegenseitig aufs schwerste bekämpfen könnten. Eine besonders enge Fühlungnahme der zusammengehörigen Firmen wird dadurch erreicht, daß der Verband in Gruppen eingeteilt ist." Es sollten also Wettbewerber eine Gruppe bilden, und Maschinen, die Wettbewerber bauten, wurden der Gruppe zugewiesen. Bei dieser Gliederung kommt es vor, daß Maschinen und Firmen mehreren Gruppen angehören, z. B. Ausstanzmaschinen, bzw. Werke, die diese Maschinen bauen, den Gruppen I und IV des PMV.

Ebenso wie für das Fachgebiet Papierverarbeitungs-Maschinen dürften auf andern Fachgebieten des deutschen Maschinenbaus wertvolle Unterlagen zusammengetragen sein. Unter Zuhilfenahme aller dieser Vorarbeiten müßte es gelingen, die Gliederung des deutschen Maschinenbaus so durchzuführen, daß sie die Grundlage zur weiteren ersprießlichen Arbeit auf dem Gebiete der Normung, Typung, und Spezialisierung für alle Beteiligten bildet.

An dieser Stelle sei schließlich hervorgehoben, daß erst nach einer anders durchgeführten Begriffsbestimmung und Gliederung der Maschinen durch den Verband Deutscher Maschinenbauanstalten eine für die Zwecke weiterer Vereinheitlichung besonders geeignete, klare Begriffsbestimmung, Gliederung und Wahl der Bezeichnungen für die einzelnen Maschinenarten erfolgen kann, wobei auch auf umstehendes Schema hingewiesen sein mag.

II. TEIL / NOTWENDIGKEIT WEITERER VEREINHEITLICHUNG

NOTWENDIGKEIT WEITERER VEREINHEITLICHUNG

Sieht man von den Kreisen ab, die sich gegen jede, oft Mühe und Zeit erfordernde Neuerung ablehnend verhalten und die trotz aller Vorzüge der Vereinheitlichung sich das eigenwillige Vorgehen auf konstruktiven und sonstigen Gebieten in keiner Beziehung beeinträchtigen lassen wollen, so ist jetzt allgemein die Erkenntnis verbreitet, daß Normung, Typung und Spezialisierung in der deutschen Wirtschaft ebenso erwünscht wie notwendig sind, da sie neben sonstigen Vorteilen wesentlich zur Produktionssteigerung und -Verbilligung beitragen.

Will man ein besonderes Gebiet daraufhin untersuchen, welche Aussicht auf Erfolg bei der Durchführung von Vereinheitlichungen verschiedenster Art besteht, so ist im voraus anzunehmen, daß dort, wo unnötige Vielseitigkeit, Mannigfaltigkeit und Willkür noch herrschen, wo man ohne zwingende Notwendigkeit über das Stadium der Einzelanfertigung nicht hinausgekommen ist, und Massenherstellung noch nicht oder nur in geringem Umfange bekannt, jedoch möglich ist, vorzugsweise beachtenswerte Erfolge zu erwarten sein werden.

Wie steht es nun mit der Papiermaschinenindustrie? Hat auch sie sich aus bescheidenen Anfängen heraus, wo geringe Anforderungen zu erfüllen waren und durch wenige Maschinenarten und Typen die gestellten Aufgaben gelöst werden konnten, ähnlich wie manche andere Maschinenindustrie zu einer Vielseitigkeit entwickelt, die vor nicht zu langer Zeit als Stärke und besonders rühmliches Charakteristikum der deutschen Industrie hervorgehoben wurde? Wurde auch sie und die ihr angehörenden Maschinenfabriken jahrzehntelang von dem Bestreben geleitet, allen Wünschen eines großen Abnehmerkreises gerecht zu werden, ein Bestreben, das in einem umfangreichen Bauprogramm der einzelnen Werke zum Ausdruck kommen mußte?

Diese Fragen mögen an Hand eines typischen Beispiels erläutert werden. Die Maschinenfabrik Karl Krause, Leipzig, hatte nach ihrer Gründung im Jahre 1855 zunächst nur ein engumgrenztes Fabrikationsgebiet, und zwar erstreckte es sich auf den Bau von Steindruckpressen, Glätt- und Packpressen, Papier- und Pappscheren, sowie Kupferdruckpressen. Im Schneidemaschinenbau trat die Firma zum ersten Male im Jahre 1859 hervor. Da später (im III. Teil) noch von den Schneidemaschinen modernster Konstruktion die Rede sein wird, mag es nicht uninteressant sein, neben einem

NOTWENDIGKEIT WEITERER VEREINHEITLICHUNG

primitiven Schneidwerkzeuge, dem Papierhobel, auch die älteste Schneidemaschine im Bilde vorzuführen. Sie wurde in 3 Größen und Schnittbreiten gebaut, denen sich bald andere Typen anschlossen. Katalogmaterial, Prospekte oder ähnliche Unterlagen sind während eines Fabrikbrandes vernichtet worden, so daß über die verschiedenen Größen und Ausführungen der ersten Schneidemaschinen nicht ausführlicher berichtet werden kann.

Alter Papierhobel.

Älteste Krause-Schneidemaschine.

Für die Mannigfaltigkeit, die sich im Schneidemaschinenbau, wie auch bei allen übrigen von der Maschinenfabrik Karl Krause schon damals erzeugten Papiermaschinen bemerkbar machte, spricht aber die Tatsache, daß schon in dem aus dem Jahre 1869 stammenden Krause-Kataloge ein verhältnismäßig reichhaltiges Bauprogramm erwähnt wurde. Dieser Katalog verzeichnet neben den ältesten Schneidemaschinen, die in je 3 Breiten von 21, 25 und 29 Zoll gebaut wurden, 3 weitere mit Handhebelsystem versehene Schneidemaschinen. Außerdem erwähnt der Katalog 2 Gold-, Blinddruck- und Prägepressen, eine Balancierpresse, eine Pappschere, ein Satinierwalzwerk, eine Buchrückenabpreßmaschine, eine Kantenschrägmaschine, eine Ritzmaschine, eine Eckenausstoßmaschine, 3 Glätt- oder Packpressen verschiedener Bauart, eine Buchdruckhandpresse, sowie je eine Steindruck- und Kupferdruckpresse und 2 Kopierpressen.

In den Katalogen der folgenden Jahre treten zu diesen Maschinenarten noch eine Anzahl anderer Maschinen, am bemerkenswertesten ist der Zuwachs an Modellen innerhalb der einzelnen Maschinengruppen, woraus ersichtlich ist,

NOTWENDIGKEIT WEITERER VEREINHEITLICHUNG

daß Sonderwünsche von seiten der Maschinenkäufer in bezug auf Größen und Ausführungen der einzelnen Maschinen immer häufiger wurden und daß man diesen Wünschen bereitwilligst entgegenkam. Welchen Umfang dieses Hinsteuern auf ein immer vielseitigeres und mannigfaltigeres Bauprogramm bis in die jüngste Zeit hinein erreicht hatte, ist aus der im Anhang beigegebenen Tabelle über Schneidemaschinen ersichtlich, in der auch die von der Firma eingeleitete Vereinheitlichung zum Ausdruck kommt. Man findet in ihr nicht nur eine außergewöhnlich hohe Anzahl von Größen und Ausführungen der einzelnen Schneidemaschinentypen, sondern auch eine große Anzahl Schneidemaschinen der verschiedensten Systeme.

Die Gründe, die zu einer dauernden Erweiterung der Gebiete und zu einer Vermehrung der Typen führten, sind leicht zu übersehen, wenn man rückschauend die das Wirtschaftsleben und die Wirtschaftsführer in den letzten Jahrzehnten beherrschenden Ansichten sich vor Augen führt. Als einer der hauptsächlichsten Gründe sei das damals vorwaltende Bestreben der Maschinenfabriken angeführt, aus kaufmännischen Gründen allen Wünschen der Maschinenkäufer entsprechen zu wollen. Es führte dazu, daß beim Emporblühen der Papierindustrie und damit der einzelnen Maschinenfabriken dieses Gewerbezweiges weitere Arbeitsgebiete und damit Maschinentypen aufgenommen wurden, anstatt daß man auf den bisherigen Gebieten eine Steigerung der Produktion in den bereits vorhandenen Typen anstrebte.

Nicht unerwähnt soll bleiben, daß vor vielen Jahren der Inhaber der Firma Karl Krause, Geheimrat Heinrich Biagosch, sich bereits mit dem Gedanken trug, aus dem schon damals umfangreichen Bauprogramm, das sich aus Schneidemaschinen, Präge- und Vergoldepressen, zahlreichen Sondermaschinen für Buchbindereien und Kartonnagenfabriken, Kalandern, Querschneidern, hydraulischen Pressen, zusammensetzte, ein einziges Gebiet, und zwar zum Beispiel die Schneidemaschinen, als ausschließliches Sondererzeugnis zu wählen, während die anderen Firmen dieses Industriezweiges das ihrer besonderen Eignung am besten entsprechende Gebiet ihrerseits herausgreifen sollten, um sich auf diesem Gebiete zu spezialisieren. Da eine Einigung auf dieser oder ähnlicher Grundlage damals nicht zustande kam, und da erfahrungsgemäß die Käufer alle Maschinen möglichst bei einem Unternehmen beziehen wollten und, falls sie dort nicht sämtliche Maschinen erhielten, den gesamten Auftrag vorzugsweise anderen Werken übertrugen, war der Erfolg des etwa selbständigen Vorgehens eines Werkes von vornherein in Frage gestellt.

So kam es, daß die Mannigfaltigkeit des Bauprogramms wie bei der schon genannten Firma so auch bei anderen Maschinenfabriken immer ausgeprägter wurde. In der bewußten Betonung dieser außerordentlichen

NOTWENDIGKEIT WEITERER VEREINHEITLICHUNG

Mannigfaltigkeit und Vielseitigkeit des Fertigungsplanes glaubte man sogar einen Gradmesser für die Leistungsfähigkeit und den Hochstand des einzelnen Werkes erblicken zu können und diesen als wirksam werbenden Faktor in die Wagschale werfen zu müssen.

Die in dieser Zersplitterung des Fabrikationsplanes zum Ausdruck kommende unwirtschaftliche Einstellung der Produzenten und Konsumenten, von denen letztere häufig die Ablehnung auch nur eines ihrer zum Teil unnötigen Sonderwünsche als mangelndes Entgegenkommen vielfach betrachteten, war der Durchführung des Vereinheitlichungsgedankens in der Papiermaschinenindustrie außerordentlich hinderlich. —

Will man sich nun ein Bild darüber machen, wie weit die Vereinheitlichung in der Papiermaschinenindustrie durchgeführt ist und ob weitere Normung, Typung, Spezialisierung erwünscht sind, kann man sich an Hand einwandfreier Unterlagen eine klare Übersicht schaffen, oder eine Annäherungsmethode wählen, die dem beabsichtigten Zwecke genügt.

Zunächst soll dargestellt werden, wie man vorgehen kann, um das Bauprogramm der einzelnen Werke genau festzustellen, um daraus die entsprechenden Schlüsse zu ziehen. In vorteilhafter Weise kann diese Klarheit unter Zuhilfenahme einer Kartei erreicht werden. In dieser Kartei, von der ein erläuterndes Schema nebenstehend wiedergegeben sind, werden alle Maschinen aus dem Bauprogramm der einzelnen Werke eingetragen, die einzelnen Karten genau ausgefüllt und dem beabsichtigten Zweck entsprechend geordnet.

Aus der Kartei lassen sich nicht nur die Anzahl der einzelnen Typen, die jedes Werk herstellt, ermitteln, sondern auch die Bezeichnungen, Bauart und Ausstattung, wichtige Zahlenangaben, Arbeitsweise und Verwendungszweck, sowie Angaben über die Werkstoffe, die auf den betreffenden Maschinen verarbeitet werden können. Schließlich sind auch Vergleiche in mannigfaltiger Weise möglich. Für solche und ähnliche Zwecke kann die Kartei bequem erweitert werden, wozu auf der Rückseite freier Raum gelassen wurde.

Nach Lage der Dinge bietet zurzeit die Aufstellung einer solchen Kartei für die Papiermaschinenindustrie Schwierigkeiten, zumal wenn sie einwandfrei durchgeführt werden soll. So mußte auch darauf verzichtet werden, das Gesamtresultat einer für 145 Werke, die Papierverarbeitungsmaschinen herstellen, angelegten Kartei bekanntzugeben, da augenblicklich nur jedes einzelne Werk für sich in der Lage ist, genaue Eintragungen zu machen. Selbst wenn einem Außenstehenden alle Kataloge und Werbesachen der Firmen zur Verfügung stehen, ist er nicht in der Lage, an Hand dieser oftmals mangelhaften Unterlagen, z. B. „in jeder gewünschten Breite",

NOTWENDIGKEIT WEITERER VEREINHEITLICHUNG

Schema für eine Maschinenkartei.

1. Maschinen-Type: ....
2. Maschinenart: ....
3. andere Bezeichnung: ....
4. Maschinengruppe: ....
5. herstellendes Werk: ....
6. ähnliche Maschinen liefert: ....

7. Bauart und Ausstattung	8. Type bzw. Modell	9. Wichtige Zahlenangaben (z. B. Schnittlänge, Druckfläche, Druckkraft etc.)	10. Gewicht (netto) kg	11. Preis	12. Katalog-Seite

13. Arbeitsweise und Verwendungszweck	14. Welches Material wird verarbeitet?	15. Bemerkungen

NOTWENDIGKEIT WEITERER VEREINHEITLICHUNG

die Karteikarten richtig auszufüllen, weil zuverlässige und lückenlose Daten nicht bei sämtlichen Firmen vorhanden sind.

Eine Schwierigkeit liegt auch darin, daß häufig nur Angaben aus der Zeit vor dem Kriege zur Verfügung stehen und daß in den folgenden Jahren das Bauprogramm vieler Werke eine Änderung erfahren hat, die nicht zur allgemeinen Kenntnis gekommen ist, da nicht immer anstelle der veralteten Kataloge neue getreten sind.

Von der außerordentlichen Vielseitigkeit der Benennungen war schon die Rede. Sie bringt es mit sich, daß mehrere Namen für die gleiche Maschine häufig vorkommen. Auch sind Doppelbezeichnungen in den Fällen keine Seltenheit, wo eine bereits erwähnte Maschine durch geringfügige Sondereinrichtungen als Spezialmaschine sich ausbilden läßt und als solche aus kaufmännischen Gründen besonders aufgeführt wird.

Schließlich kann der Außenstehende bei der Aufstellung der Kartei die Maschinentypen nicht beurteilen und berücksichtigen, die zwar in den Katalogen mancher Werke enthalten sind, die diese aber nicht selbst herstellen, sondern auf Grund besonderer Vereinbarungen von anderen Firmen beziehen und unter ihrem eigenen Namen vertreiben.

Aus diesen und ähnlichen Gründen wurde darauf verzichtet, Schlüsse aus der Kartei zu ziehen und das Bauprogramm der einzelnen Werke festzustellen. Es wurde vielmehr eine Annäherungsmethode gewählt, die für vorliegenden Zweck vollkommen genügt und nicht den Anspruch großer Genauigkeit erheben kann, einer Genauigkeit, die sich durch obige Kartei nur dann erreichen ließe, wenn die betreffenden Firmen selbst diese oder eine ähnliche Kartei aufstellten. Es wurden lediglich 67 Werke in Betracht gezogen, die Papierverarbeitungsmaschinen bauen. Die Namen der Maschinen, die jedes Werk baut, wurden zugrunde gelegt (siehe Maschinenverzeichnis und Firmenverzeichnis im Anhang), und es ergab sich, daß jede dieser 67 wichtigsten Firmen im Durchschnitt 50 verschiedene Maschinenarten führt.

Ausdrücklich sei aber darauf hingewiesen, daß die Zahl der Typen, Größen und die verschiedenen Ausführungen bei dieser Zusammenstellung unberücksichtigt blieben. Eine auch nach dieser Richtung hin vollständige Zusammenstellung würde erst das richtige Bild des zum Teil sehr umfangreichen Bauprogramms der einzelnen Werke ergeben.

Verschiedene Unternehmen haben sich nicht lediglich auf den Bau von Papierverarbeitungsmaschinen beschränkt, sondern stellen oft auch Maschinen für andere Industrien, z. B. für die Schuh- und Lederindustrie, her. Diese Maschinen, die nicht der eigentlichen Papierverarbeitung dienen,

NOTWENDIGKEIT WEITERER VEREINHEITLICHUNG

blieben in der Zusammenstellung unberücksichtigt. Es ist anzunehmen, daß diese Werke, falls sie sich für das eine oder andere Fachgebiet entscheiden, ihre Bauprogramme wesentlich vermindern würden.

Eine nach diesen Richtlinien durchgeführte Klärung, und zwar nur der Papierverarbeitungsmaschinen, führte zu folgendem

Resultat:

a) bereits weitgehend spezialisiert — Kuvertmaschinen,
b) Maschinen, die nur von einem oder von wenigen Werken gebaut werden,
c) von einer größeren Anzahl oder von vielen Werken gebaute Maschinen.

Für die unter c) aufgeführten Maschinen ist die Forderung nach weiterer Vereinheitlichung ganz besonders zu erheben, und da die Kuvertmaschinen nur einen geringen Teil der Papiermaschinen darstellen, bleibt für die außerordentlich vielen übrigen Maschinen der Wunsch und die Notwendigkeit weiterer Normung, Typung und Spezialisierung bestehen.

Die nächsten Teile dieses Buches bringen Beispiele durchgeführter Vereinheitlichungen und zeigen Wege zu weiterer Normung, Typung und Spezialisierung in der Papiermaschinenindustrie. Anschließend wird gezeigt, wie die Überlegungen und Schlüsse aus den vorangegangenen Kapiteln auch in anderen Industrien Anwendung finden können, und wie auf diese Weise eine Verständigung im deutschen Maschinenbau angebahnt und durchgeführt werden kann.

III. TEIL / BISHERIGE NORMUNG, TYPUNG, SPEZIALISIERUNG

BISHERIGE NORMUNG, TYPUNG, SPEZIALISIERUNG

Der *Verband Deutscher Kuvertmaschinenfabriken* ist eine der ersten Organisationen der Maschinenindustrie, die die Spezialisierung und Typung unter ihren Mitgliedern praktisch durchgeführt hat.

Wie aus dem Vortrag des Vorsitzenden des VDKF, Fabrikbesitzer Wescher, i. Fa. Fischer & Wescher, Elberfeld, in der Mitgliederversammlung des Papierverarbeitungs-Maschinen-Verbandes in Eisenach am 29. Juni 1918 hervorgeht (Veröffentlichung des AWF „Die Steigerung der Selbstkosten infolge des Krieges und Mittel zur Wiederherabsetzung"), ist im Verbande Deutscher Kuvertmaschinenfabrikanten eine weitgehende Spezialisierung durchgeführt worden. Zur Herstellung von Briefumschlägen gehören eine ganze Reihe von Maschinenarten, beispielsweise Stanzmaschinen, Gummiermaschinen fü Verschlußklappen, Falt- und Klebemaschinen, Fensterdruckmaschinen, Fenstereinklebemaschinen.

Fast sämtliche Maschinen wurden früher von allen Mitgliedern des Verbandes gebaut. Zur Durchführung der Spezialisierung haben die einzelnen Werke sich vertraglich verpflichtet, von den bisher gebauten, zur Herstellung von Briefumschlägen erforderlichen Maschinen nur noch zwei oder drei Gattungen herzustellen. Infolge dieser Spezialisierung wird in Zukunft jede Maschinenart nur noch von einer Firma, und auch nur noch in einer Ausführungsform hergestellt. Es ist hierdurch nicht nur eine Spezialisierung, sondern auch eine Typung jeder Maschinengattung erreicht worden. Die Abnehmer von Briefumschlagmaschinen, die im Verein deutscher Briefumschlagfabrikanten zusammengeschlossen sind, haben sich mit dieser Spezialisierung und Typung gern einverstanden erklärt, weil die Preise der Maschinen infolge der Spezialisierung und der hierdurch möglich gewordenen Herstellung von Maschinen in größeren Reihen niedriger werden, und weil durch den Wegfall der verschiedenen Ausführungsformen jeder Maschinenart das Anlernen des Bedienungspersonals, die Beschaffung von Ersatzteilen und die Vornahme von Ausbesserungen in der Reparaturwerkstatt des Abnehmers erleichtert wird. Zur Förderung des Maschinenbaues in größeren Reihen ist ein Vertrag mit dem Abnehmerverband geschlossen worden, wonach Abnehmerverband die Maschinenaufträge seiner Mitglieder entgegennimmt, sammelt und nur größere, zum Reihenbau geeignete Maschinenbestellungen an den Verband deutscher Kuvertmaschinenfabrikanten weitergibt.

BISHERIGE NORMUNG, TYPUNG, SPEZIALISIERUNG

Um die Gefahr eines Verlustes der Verbandsmitglieder durch die Beschränkung auf einen kleinen Kreis von Erzeugnissen zu beheben, findet zwischen den Mitgliedern in gewissen Grenzen ein Ausgleich statt. Zu diesem Zweck ist der Anteil jedes Mitgliedes an dem Gesamtumsatz aller Verbandsmitglieder festgelegt worden, und es wird den Firmen, die in den ihnen zugewiesenen Spezialitäten nicht ihren Anteil am Gesamtumsatz erreichen, von den Werken, deren Anteil am Gesamtumsatz sich vergrößert, eine prozentuale Entschädigung gezahlt. Wird der Unterschied zwischen dem Anteil einer Firma am Gesamtumsatz und dem festgelegten früheren Anteil zu groß, so kann der Verband eine Änderung in der Verteilung der Maschinenarten vornehmen.

Auszug aus dem Verbandsvertrag des Verbandes deutscher Kuvertmaschinen-Fabrikanten vom 15. April 1919.

Zwecks Vereinheitlichung der Maschinentypen und Erleichterung des Serienbaues von Maschinen findet eine Beschränkung der Zahl der Maschinentypen und Verteilung der zu den Verbandswaren gehörenden Maschinentypen unter den Mitgliedern statt. Jede Fabrik darf demgemäß nur die ihr zugewiesenen Typen bauen. Auf Antrag kann eine andere Art der Beschränkung sowie der Verteilung der Maschinentypen erfolgen. Der Bau aller Maschinen, die nicht Verbandswaren sind, steht den Mitgliedern frei.

Vorbehaltlich der nochmaligen Nachprüfung wurde vereinbart, daß künftig nachbenannte Maschinen zu liefern sind:

Sämtliche Arten von Saugerbeutel- und Taschenmaschinen
    Bernhard Eckner G. m. b. H., Berlin.

Ideal- und Blitzmaschinen
    R. Ernst Fischer & Co., G. m. b. H., Berlin.

Schieber-Saugermaschinen für Kuverts-, Gummiermaschinen, Bauart Fischer, und Rotationsmaschinen
    R. Ernst Fischer & Wescher, Elberfeld.

Revolver-Kuvertmaschinen, Sauger-Kuvert- und Beutelmaschinen und Gummiermaschinen, sämtlich Bauart Pahlitzsch und Stanzmaschinen
    Bruno Pahlitzsch, Berlin.

Futtereinklebemaschinen und verstellbare Saugermaschinen für Kuverte und Beutel, sämtlich Bauart Pott
    Maschinenfabrik Ernst Pott, G. m. b. H., Barmen.

Rundlauf-Kuvertmaschinen, Rundlauf-Kuvert- und Füttermaschinen, Doppelstoß-Kuvertmaschinen, sämtlich Bauart Tellschow
    Gebr. Tellschow, Berlin.

BISHERIGE NORMUNG, TYPUNG, SPEZIALISIERUNG

Das selbständige Vorgehen einzelner Werke.

Selbständig auf dem Wege der Vereinheitlichung ist die *Maschinenfabrik Karl Krause*, Leipzig, vorgegangen. Der Krause-Katalog 1914 veranschaulicht das umfangreiche Bauprogramm dieser Firma vor dem Kriege, das sich in vielen Jahrzehnten aus den äußeren Bedürfnissen heraus entwickelte.

Es wurden gebaut:

Schneidemaschinen,
Vergolde- und Prägepressen,
Sondermaschinen für Buchbindereien,
Glätt- und Packpressen,
Steindruck-, Kupferdruck- und Buchdruck-Handpressen,
Karton- und Pappscheren,
Kartenscheren mit Kreismessern,
Pappscheren mit Kreismessern,
Rill-, Ritz- und Nutmaschinen,
Biegemaschinen, auch Biege- und Schlitzmaschinen,
Stanzmaschinen,
Kalander und Walzwerke,
Längs-, Quer- und Diagonalschneider,
Hydraulische Pressen.

Über die Verwendung der Maschinen gibt das Krause-Handbuch, I. Teil, „Verwendbarkeit der Krause-Maschinen", Auskunft, das folgendermaßen aufgebaut ist:

In der ersten Spalte sind die herzustellenden Erzeugnisse bzw. die Branchen angegeben. Die zweite Spalte verzeichnet die vorkommenden Arbeiten. In der dritten Spalte sind die für die einzelnen Arbeiten erforderlichen Krause-Maschinen angeführt, und in Ergänzung dazu bringt die letzte Spalte die Modellbezeichnung der Krause-Maschinen.

Die bei den einzelnen vorkommenden Arbeiten angegebenen Maschinenmodelle sind zwar als die hierfür geeigneten anzusehen, doch bleibt dabei noch zu beachten, daß im allgemeinen nur die kleinsten Modelle angeführt sind und die Wahl einer bestimmten Maschine abhängig ist von der Art und dem Umfang der auszuführenden Arbeiten, der Größe des zur Verarbeitung kommenden Materials sowie von der Größe und Eigenart des betreffenden Betriebes.

Hinweise auf andere Branchen besagen, daß gegebenenfalls die eine oder andere dort aufgeführte Maschine zu einer Spezialarbeit auch noch in Frage kommt.

BISHERIGE NORMUNG, TYPUNG, SPEZIALISIERUNG

Während im Krause-Handbuch I. Teil die Branchen, bzw. Erzeugnisse alphabetisch geordnet sind, wurden sie im Branchenverzeichnis (siehe Anhang 8) zu Gruppen vereinigt. Ein ähnliches Verzeichnis bestand bereits

Betrieb bzw. Erzeugnis	Vorkommende Arbeiten	Erforderliche „Krause"-Maschinen	Bezeichnung der „Krause"-Modelle
Album	Papierschneiden, auch Beschneiden der Bücher ..	Schneidemaschinen ..	AN, ABn, AJ 102
	Deckelpappen zuschneiden .	Papp-, auch Kreispappscheren	D5, D105P, DHb
	Ausschnitte usw. ausschneiden	Stanzmaschinen	BC4, CW, CS
	Schlitze, z. B. bei Postkartenalben usw., Schlitze und Kulissen für Photographiealben ausstanzen	Universal-Stanzmaschinen ...	YFv, YFm
	Bücher runden	Bücherrundemaschine .	FR
	Sprungrücken herstellen ..	Sprungrückenbiegemaschine	SR
	Bücher abpressen	Abpreßmaschine	FL
	Falze niederdrücken	Falzniederdruckpresse .	KZx2a
	Deckelkanten abschrägen..	Kantenschrägmaschinen	HBs, HG
	Löcher bohren bei Kordelbindung	Papierbohrmaschine ..	V1V
	Ecken runden, Löcher usw. ausstanzen	Eckenrundstoßmaschine	YR
	Einpressen	Stockpressen	WB, KVIa
	Beschneiden	Drei- und Schell-Dreischneider	AV, AVW
	Deckenverzierung, blind oder mit Blattmetall.....	Prägepressen	BB, BC, BEdrsn, BKn, BRvs
	desgl. mittels Farbdruck..	Farbdruckpressen ...	B2fn, BKsfn
	desgl. mittels Foliendruck .	Foliendruckpresse ...	B2g
	Umschläge biegen ..... siehe auch Kartonnagen	Biegemaschine	U14
Aluminium	Formate schneiden, auch Beschneiden großer Bogen in Stößen	Schneidemaschinen ..	AO, ABn, AQ
	Geteilte Formatgrößen auf drei Seiten beschneiden .	Dreischneider	AV–AY
	Stanzen runder und ähnlicher Scheiben usw..	Stanzmaschinen	C12A, CW, CS
	Schneiden einzelner Bogen in kleinen Mengen....	Kartonscheren	DA, DB, DW DZ2a
	Schneiden einzelner Bogen in großen Mengen	Kreisschere	DHc*
(Fortsetzung umstehend)	Mustern bzw. Prägen von Aluminium	Gaufrierwalzwerk ...	EAov, EA1
*) mit glattem Tisch und mit Ölfilz über den Messern.			

Probeseite aus dem Krause-Handbuch I. Teil.

früher und diente den kaufmännischen Abteilungen Statistik und Reklame. Es wurde auf Grund der gesammelten Unterlagen ergänzt und gibt ein klares Bild über die Abnehmerkreise, die für die im Katalog 1914 enthaltenen Maschinen in Frage kommen.

Aus dem Handbuch „Verwendbarkeit der Krause-Maschinen" und dem Branchenverzeichnis geht hervor, daß auch bei weiterer Spezialisierung noch

BISHERIGE NORMUNG, TYPUNG, SPEZIALISIERUNG

viele Branchen kaufmännisch zu bearbeiten sind und daß selbst bei Beschränkung auf den Bau einer Gruppe vielseitiger Maschinen, z. B. von Schneidemaschinen, nach wie vor viele Branchen als Abnehmer in Frage kommen.

Man ersieht aus diesem Krause-Handbuch, daß die Maschinen nicht nur in der Papierindustrie und dem graphischen Gewerbe, sondern in vielen anderen Industrien verwendbar sind, auch werden dadurch die Grenzgebiete erkennbar, in denen die Papierverarbeitungsmaschinen ebenfalls Verwendung finden.

Um das Bauprogramm 1914 zu verringern, wurde der Bau von Kalandern und Walzwerken, von Längs-, Quer- und Diagonalschneidern und von hydraulischen Pressen fallen gelassen. Die dann noch verbleibenden Maschinen erfuhren eine weitere Gliederung[1]).

Da es sich ergeben hatte, daß weniger Maschinentypen genügen, um in der Praxis die Mehrzahl der vorkommenden Arbeiten zu verrichten, sind im Bauprogramm 1921 unter der Bezeichnung „*Liste A*" Serienmaschinen zusammengefaßt, die vom Kundenkreis hauptsächlich verlangt werden und die in den meisten Fällen den Ansprüchen der Maschinenabnehmer genügen. Diese Maschinen werden in Serien hergestellt und vom Lager verkauft. Sind sie infolge unvorhergesehen großen Absatzes nicht vorrätig, so können sie doch verhältnismäßig schnell geliefert werden, da zu den betreffenden Maschinen die einzelnen Teile auf Lager gehalten werden.

Unter der Bezeichnung „*Liste B*" sind Ergänzungsmaschinen zusammengefaßt, um dadurch den verschiedenen Wünschen der Kunden gerecht zu werden, die für gewisse Arbeiten andere Maschinen benötigen. Im allgemeinen liegen die Teile zu diesen Maschinen ebenfalls vorrätig auf Lager.

In „*Liste C*" sind Maschinen vereinigt, die im Katalog 1914 enthalten sind und die für Spezialarbeiten und für einen besonderen Abnehmerkreis von Fall zu Fall auch noch auf ausdrücklichen Wunsch gebaut werden. Diese Maschinen bedingen in den meisten Fällen Einzelbau, falls der Abnehmer nicht auf einmal eine Serie bestellt. Die Lieferzeit ist entsprechend länger und ein durch den Einzelbau bedingter besonderer Zuschlag gerechtfertigt.

Es ist erfahrungsgemäß nicht leicht, Verkäufer sowie Abnehmer daran zu gewöhnen, daß nicht jede bisher gebaute Type nach wie vor lieferbar ist. Um diese Kreise zu überzeugen, daß es nicht erforderlich ist, mehr verschiedene Typen als unbedingt notwendig zu bauen, wurde im Krause-Handbuch II. Teil, „Welches Maschinenmodell biete ich an?", für sämtliche Maschinen des Kataloges 1914, außer für Kalander und Walzwerke, Längs-, Quer- und Diagonalschneider sowie hydraulische Pressen, deren Bau eingestellt wurde,

---

[1]) Dr.-Ing. Peiseler: Zeitgemäße Betriebswirtschaft. Verlag B. G. Teubner, Leipzig.

BISHERIGE NORMUNG, TYPUNG, SPEZIALISIERUNG

die beigegebene Übersicht aufgestellt. Diese Zusammenstellung hat sich zumal in der Übergangszeit bewährt, in der Maschinen der Liste B und C teils noch zu verkaufen waren, teils bei Nachfrage nach Maschinen der Liste B und C in erster Linie Serienmaschinen anzubieten waren, falls die verlangte Maschine der Liste B und C aus alten Beständen nicht mehr geliefert werden konnte.

Die verschiedenen Maschinen sind in Gruppen der Größe nach geordnet. Auf der linken Seite des Handbuches ist bei jedem einzelnen Modell angeführt, wo nähere Angaben zu finden sind, sei es im Katalog 1914, bzw. 1921 oder auf einem Werbeblatt (Prospektblatt). Hinweise auf Kostenanschläge (siehe auch 4. Kapitel) sowie auf Zusammenbau- und Gebrauchsanweisungen für die einzelnen Maschinen sind gleichfalls aufgenommen.

Auf der rechten Seite sind die Modelle angeführt, die als Ersatz angeboten werden können, falls die gewünschte Maschine nicht lieferbar ist. Mitunter werden jedoch hierbei Maschinen vorkommen, für die ein vollkommenes Ersatzmodell nicht geboten werden kann. In diesem Falle muß der Abnehmer wegen Anfertigung des besonders gewünschten Modells unter Umständen mit einer entsprechenden Lieferzeit rechnen.

Um die Umstellung auf Liste A möglichst schnell durchzuführen und die Zeit der Umstellung zu verringern, wurden die kaufmännischen Abteilungen angewiesen, wie folgt zu verfahren:

Man wähle stets:

In erster Linie: Vorrätige Maschinen
    und zwar zunächst: *Einzelbau-Maschinen, Liste C* (laut Lagerliste),
    dann *Ergänzungsmaschinen, Liste B* (laut Lagerliste),
    zuletzt *Serienmaschinen, Liste A* (laut Lagerliste).

In zweiter Linie: Kurzfristig lieferbare Maschinen
    und zwar zunächst: *Einzelbau-Maschinen, Liste C* (laut Lieferzeitenliste),
    dann: *Ergänzungsmaschinen, Liste B* (laut Lieferzeitenliste),
    zuletzt *Serienmaschinen, Liste A* (laut Lieferzeitenliste).

In dritter Linie: Nicht vorrätige Serienmaschinen, Liste A.

In vierter Linie: Nicht vorrätige Ergänzungsmaschinen, Liste B.

In letzter Linie: Einzelbau-Maschinen, Liste C,
    die auf ausdrücklichen Wunsch von Grund auf bei entsprechender Lieferzeit und einem entsprechenden Zuschlag gebaut werden müssen, falls die in vorstehenden Absätzen genannten Papierverarbeitung-Maschinen nicht in Frage kommen.

BISHERIGE NORMUNG, TYPUNG, SPEZIALISIERUNG

1. Schneidemaschinen
a) mit Hebel

Schnitt-länge cm	Modell-bezeichnung	Katalog 1914 Seite	Katalog 1921 Seite	Werbe-blatt Nr.	Kosten-anschlag Nr.	Zusammenbau- und Gebrauchs-anweisung Nr.
25	A1	6	3	1141	1	75a
25	A1f	6	—	1141	—	75a
35	A1a	6	—	1141	335	75a
35	A1af	6	—	1141	—	75a
35,5	AOs	10	—	—	118	80a
35,5	AOfs	10	—	—	117	80a
43	AMn	12	—	—	68	81a
43	AMnk	56	—	—	—	81a
45	A1b	6	3	1141	2	75a
45	A1bf	6	—	—	—	75a
51	AOas	10	5	1141	74	80a
51	AOafs	10	5	1141	73	80a
55	A2	8	—	1142	3	76a
60	ANn	12	—	1142	69	81a
60	ANnk	56	—	—	70	81a
60	ANnl	12	—	—	—	81a
60	AObs	10	5	1141	76	80a
60	AObfs	10	5	1141	75	80a
65	A3	8	—	1142	336	76a
66	ANan	12	7	1142	62	81a
66	ANank	56	—	—	—	81a
75	A4	8	6	1141	4	76a
78	ANbn	12	7	1141	63	81a
78	ANbnk	56	—	—	—	81a
85	A4a	8	—	—	337	76a

Fettgedruckte Modelle sind Serienmaschinen

1. Schneidemaschinen
a) mit Hebel

Es bedeuten die Endbezeichnungen:
f = Tischkurbel wegen Schneidbrett nach rechts verlegt
k = eisernes Untergestell
l = vereinfachte Ausführung

Modell-bezeichnung	Ähnliche Maschinen, die, falls vorrätig, angeboten werden können:		
	Liste A Serienmaschinen des Kataloges 1921 (Rotdruck)	Liste B Ergänzungsmaschinen des Kataloges 1921 (Schwarzdruck)	Liste C übrige Maschinen aus Katalog 1914, teils Einzelbau mit Zuschlag
A1	A1b		A1a, AO s
A1f	A1b		A1af, AOfs
A1a	A1b		AOs
A1af		AOas	A1bf, AOfs
AOs		AOafs	A1a
AOfs		AOafs	A1af
AMn	ANan		ANn, A2
AMnk		AOas	ANank, ANnk
A1b		AOas	
A1bf		AOafs	
AOas	AObs		A2
AOafs	AObs		A2
AObs		AObfs	A2
AObfs		AObfs	A3
A2		AOfs	
ANn	ANan, AObs		ANank
ANnk	ANan, AObs	AObfs	
ANnl	ANan	AOas	A3
AObs	ANan	AOafs	A3
AObfs	ANan		
A3	A4, ANan		
ANan	ANbn, A4		A3
ANank			ANbnk
A4	ANbn		A4a
ANbn	A4, ANan		A4a
ANbnk			ANank
A4a	A4, ANbn		

Unterstrichene Modelle verrichten im allgemeinen ohne weiteres die gleiche Arbeit

Probeseiten aus Krause-Handbuch II. Teil: „Welches Krause-Maschinen-Modell biete ich an?"

BISHERIGE NORMUNG, TYPUNG, SPEZIALISIERUNG

Durch diese Maßnahmen wurde erreicht, daß die Zahl der im Katalog 1914 enthaltenen Modelle (nach Telegrammworten) von 940 Stück auf 392 Stück im Katalog 1921 herabgemindert wurde. Es wurden also 1914 548 Modelle mehr gebaut als 1921. Von den im Katalog 1921 enthaltenen 392 verschiedenen Modellen fielen 205 auf Liste A, 109 auf Liste B, 75 auf Liste C. Wenn man bedenkt, daß Maschinen der Liste A zumeist den Wünschen der Abnehmer genügen, und Maschinen der Liste B und C nur in geringer Zahl verlangt werden, so ergibt sich beim Vergleich des Kataloges 1914 und der Liste A des Kataloges 1921 eine Verminderung um 735 Modelle = 78%.

Im Katalog 1921 zeigt sich der *Erfolg der Typung* durch Auswahl aus Vorhandenem. Weitere Verringerung der Ausführungsformen der Maschinen ist inzwischen durch Schaffung neuer Typen erreicht worden.

Nachdem durch Aufgabe des Gebietes Kalanderbau, Querschneiderbau, Bau hydraulischer Pressen die Zahl der Typen sich wesentlich verringert hatte und eine weitere Spezialisierung im Vergleich zum Bauprogramm 1914 eingetreten war, nachdem ferner die Beschränkung auf unbedingt notwendige und bewährte Typen erfolgt war, konnte die Aufgabe „Verbesserung der vorhandenen Typen oder Schaffung neuer Typen" in Angriff genommen werden.

Eine eingehende Besprechung sämtlicher Fragen, die damit zusammenhängen, würde über den Rahmen dieser Abhandlung hinausgehen.

Fünf Beispiele seien an Hand von Krause-Unterlagen kurz erläutert:
Die neuen Schneidemaschinen (Schnellschneider).

Ohne näher darauf einzugehen, sei zunächst auf die Schneidemaschinentabelle und auf die Gliederung des Arbeitsvorganges „Schneiden" (Anhang 3 und Beilage) hingewiesen. Eingehende ergänzende Ausarbeitungen, insbesondere solche über „das Arbeiten an Schneidemaschinen" und „Störungen an Schneidemaschinen", sowie Vergleiche auf Grund der Maschinenkartei für Schneidemaschinen konnten ihres Umfanges wegen nicht wiedergegeben werden. Sie können dazu beitragen, vor dem Konstruieren das Sondergebiet und die Aufgaben so gut wie möglich zu klären. Die Vorzüge solcher, zum Teil sehr kostspieliger Unterlagen, die nicht nur dem Konstrukteur dienen können und sollen, rechtfertigen jedoch den Aufwand an Arbeit und Kosten.

Durch derartige Arbeiten wird das Sondergebiet geklärt und das sogenannte „ungeschriebene Wissen" festgelegt, Vorteile, die in gleicher Weise dem Ingenieur, Kaufmann, Werbeleiter, Verkäufer und Abnehmer zugutekommen, auch werden Zubehör, Sondereinrichtungen sowie Teile, die auf Wunsch anbringbar sind, und Umbaumöglichkeiten erläutert und festgelegt. Schließlich werden Rückfragen und Mißverständnisse bei den Maschinenkäufern vermieden, ein Punkt, der im Verkehr mit Übersee besonders wichtig ist.

BISHERIGE NORMUNG, TYPUNG, SPEZIALISIERUNG

Modell A—C   Modell A—D   Modell A—F bzw. A—K

I. Beispiel: Die neuen Schneidemaschinen-Typen A—C, A—D, A—F, A—K

Genormt	Verwendbar für	Bemerkungen
Preßgestänge, der gesamte Antrieb einschl. Schwungrad (außer den Kurbelrädern)	A — C	
Gesamter Preßmechanismus, Kupplung u. Riemenscheiben	A 74 D und A 90 D A 104 D und A 125 D	Für je 2 Größen gleich
Antrieb, Seitenständer, Pressung	A 104 F und A 125 F A 104 K und A 125 K	Unterscheiden sich nur in den Teilen, die sich mit der Schnittlänge ändern müssen
Einheitstisch, Spindeltisch . . .	Typen A — C, A — D A — F, A — K	Ohne weiteres bei gleicher Schnittlänge austauschbar
Sattel, Schneidleisten	Einheitstisch und Spindeltisch gleicher Schnittlänge	
Sattelanschlag, Seitenwinkel . .	A — C A — D, A — F A — K	Je nach Schnittlänge. Wegen verschiedener Einsatzhöhen 2 bzw. 3 Ausführungen
Umleitrolle, Bolzen hierzu, Klemmrollen für Sattelmitnahme	Typen A—C, A—D, A—F, A — K in allen Größen	Teile vom Einheitstisch
Schneidbretter	Maschinen gleicher Schnittlänge	Jede Maschine für Schneidbrett einrichtbar

Vor der Normung	Nach der Normung
Tisch mit Handhebeldoppelvorschub	*Einheitstisch vereinigt:*
Tisch mit Schnellsattel und Feineinstellung	schnelle Sattelbewegung mit mechan. Vorschub und Feineinstellung *an einem Tisch*
Umbau von: „Tisch mit Handhebeldoppelvorschub" *in:* „Tisch mit Schnellsattel und Feineinstellung" *nicht möglich*	*Umbau nicht erforderlich,* da der Einheitstisch in beiden Ausführungen ohne jede Umstellung sofort zu gebrauchen ist
Umbau älterer Maschinen in Maschinen mit autom. Vorschub *unmöglich,* da Maschinenkonstruktion in beiden Fällen verschieden.	Automatischer Vorschub kann ohne weiteres (als Zutat) eingebaut werden.

BISHERIGE NORMUNG, TYPUNG, SPEZIALISIERUNG

II. Beispiel: **Universal-Eckenrundstoßmaschine**

Type	Jahr	Preis Mk.	Gewicht kg	Zubehör	Montagezeit in Std.	Bemerkungen
Y R	1890	150.—	37	Mit 2 Satz Messern, *ohne* Selbstpressung und *ohne* verstellbare Anlegewinkel	—	Zeitakkorde noch nicht eingeführt
Y R	1895	125.—	37	do.	—	do.
Y R	1899	120.—	37	do.	—	do.
Y R	1902	100.—	35	mit 2 Satz Messern, *mit* Selbstpressung und *mit* verstellbaren Anlegewinkeln	—	do.
Y R	1908	90.—	30	do.	17	
Y R	1909	85.—	30	Mit 1 Satz Messer, mit Selbstpressung und mit verstellbaren Anlegewinkeln.	17	
Y R	1914	80.—	33	do.	17	
Y R	1921 1. 11.	70.—	30	do. dazu Ölkanne, Mutterschlüssel	17	
Y 6 R	1923	60.—[1]	21	do.	4,1	Mit Vorrichtung bearb. (in größ. Umfange als Y R)
Y 6 R	19?	46.—[1] kalkuliert	21	do.	?	Einzelpreis bei mindestens 1000 Stck. in Spezialabteilung hergestellt

Universal-Eckenrundstoßmaschine Y R im Vergleich zu Y 6 R (1923)

Ersparnis an Gewicht	37 kg — 21 kg = 16 kg	= 43%
Ersparnis an Zeit	17 Std. — 4,1 Std. = 12,9 Std.	= 76%
Verringerung des Preises	150 M. — 60 M. = 90 M.	= 60%
	150 M. — 46 M. = 104 M.	= 70%[2]

[1]) Auf Friedensbasis errechnet.
[2]) Versteht sich bei mindestens 1000 Stück, in Spezialabteilung hergestellt.

BISHERIGE NORMUNG, TYPUNG, SPEZIALISIERUNG

Gegenüberstellung Eckenrundstoßmaschine Y R (1914) und Y 6 R (1923)

Y R (1914)	Y 6 R (1923)
1. *Körper* . . . . Gewicht 12,50 kg	*Körper* . . . . Gewicht 10,00 kg
Hobeln* . . . . 92 Min.	Schleifen* . . . . 10,0 Min.
Bohren* . . . . 14 „	Bohren* . . . . 40,0 „
Fräsen* . . . . 17 „	Fräsen* . . . . 51,4 „
Schäppeln . . . . 10 „	101,4 Min.
133 Min.	
2. *Handhebel* . . . . Gewicht 10,75 kg mit Gegengewicht	*Handhebel* . . . . . Gewicht 3,25 kg ohne Gegengewicht, letzteres d. Feder ersetzt
Bohren . . . . 12 Min.	Bohren* . . . . 15,0 Min.
Fräsen . . . . 7 „	Fräsen* . . . . 4,1 „
19 Min.	19,1 Min.
3. *Stößel* . . . . Gewicht 2,00 kg	*Stößel* . . . . Gewicht 1,85 kg
Bohren* . . . . 6 Min.	Bohren* . . . . 23,0 Min.
Fräsen . . . . 21 „	Fräsen* . . . . 29,7 „
27 Min.	52,7 Min.
4. *Stößelstange* . . . Gewicht 0,5 kg	*Stößelstange* . . . . . Gewicht 0,4 kg
Bohren . . . . 9 Min.	Schleifen* . . . . 1,0 Min.
Fräsen . . . . 5 „	Bohren* . . . . 6,3 „
14 Min.	7,3 Min.
5. *2 Tischwinkel* . . . Gewicht 1,40 kg	*2 Tischwinkel* . . . . Gewicht 1,2 kg
Bohren . . . . 2 Min.	Fräsen* . . . . 19,0 Min.
Hobeln* . . . . 25 „	
27 Min.	
6. *Tisch* . . . . Gewicht 5,25 kg	*Tisch* . . . . Gewicht 4,00 kg
Bohren . . . . 12 Min.	Bohren* . . . . 17 Min.
Fräsen* . . . . 39 „	Schäppeln* . . . . 29,0 „
51 Min.	Fräsen* . . . . 27,3 „
	73,3 Min.
7. *Prismaleiste* . . . Gewicht 0,60 kg	*Prismaleiste* . . . . . Gewicht 0,57 kg
Bohren . . . . 3 Min.	Bohren* . . . . 4,3 Min.
Schäppeln . . . . 3 „	Abstechen . . . . 3,0 „
Abstechen . . . . 2 „	Fräsen* . . . . 4,8 „
8 Min.	Schleifen* . . . . 1,0 „
	13,1 Min.
8. *Schutzblech* . . . Gewicht 0,15 kg	*Schutzblech* bei Y 6 R infolge entsprechender Konstruktion nicht mehr erforderlich
9. *Schlüsselblech* nicht vorhanden	*Schlüsselblech* . . . . Gewicht 0,065 kg
	Abstechen . . . . 0,5 Min.
	Stanzen . . . . 8,0 „
	8,5 Min.

* bearbeitet mit Vorrichtungen.

Guß- und Schmiedeteile *außer* Normalteilen (Bolzen, Schrauben usw.)

Gesamtgewicht	33,15 kg	Gesamtgewichts	21,335 kg
Gesamtarbeitszeit	281 Min.	Gesamtarbeitszeit	294,4 Min.
Montage	1040 Min.	Montage	240 Min.
	1321 Min.		**534,4 Min.**

BISHERIGE NORMUNG, TYPUNG, SPEZIALISIERUNG

III. Beispiel: **Messersätze zu Universal-Eckenrundstoßmaschinen Y 6 R**
(siehe auch bildliche Darstellungen)

Genormt	Verwendbar für	Bestell-Nr.
Obermesserform im Profil für Rundstoßen, Eckenabschneiden und Fassoneckenausschneiden	Rundungen 3—20 mm Radius . Glatter Eckenabschnitt 30 mm . Fassoneckenausschnitt	6003/6020 6000 6042
Messerhalter 6002	Rundungen 21—40 mm Radius . Glatter Eckenabschn. 31—70 mm Bandschlitz, quer . . . . Lappenschnitt	6021—6040 6001—6002 6130a/6131a 6113
Gleiche Anschraubfläche am Obermesser	Halter 6002	6021—6040 6001—6002 6130a/6131a/6113
Stempelhalter 6041	Runder Eckenauschnitt . . . . Lochschnitt . . . . Registerkartenschnitt . . . . . Fingerhohlschnitt . . . . Kontenkerbschnitt	6041 6043—6053 6105, 6090, 6091 6102, 6103, 6114 6176 6204
Einspannschaft des Oberteiles Ausführung I do. Ausführung II	Rechtwinkelschnitt 25 mm . . do. 40 „ . . Bandschlitz, längs. . . . . . . Mehrfachlochschnitt . . . . . . Einschnitt	6150 6156 6130b/6131b 6081 6152/6153
Die gleiche Anschraubfläche für Obermesser am Halter	Obermesser gleich und anschraubbar bei	6152/6153 6130a/6130b 6131a/6131b
Einspannschaft aller Unterteile .	Für alle Y 6 R-Messersätze. . .	

Schnittwerkzeuge zu Y 6 R

BISHERIGE NORMUNG, TYPUNG, SPEZIALISIERUNG

IV. Beispiel: **Werkzeuge für Faltschachtelherstellung**
(siehe auch graphische Ermittlungstabelle auf Seite 54/55).

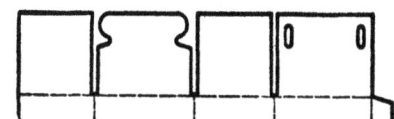

Faltschachtel mit parallelen Stecklöchern

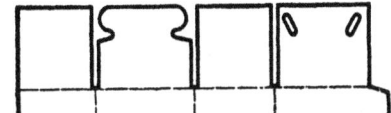

Faltschachtel mit schrägen Stecklöchern

Vor der Normung	*Nach der Normung*	*Vorteile*
Schnittform sehr verschieden	Nur 1 Form	Verschluß in gleichmäßiger Form in verschiedenen Größen, die den verschiedenen Schachtelgrößen angepaßt sind. Verwendungsbereich der einzelnen Verschlußgrößen zu einander festgelegt.
Verschlußgröße verschieden	Nur 4 Größen	
Abstand der Stecklöcher regellos	Einheitlich der Verschlußgröße angepaßt	
Schräge Lage der Stecklöcher verschieden	Einheitlich	
Ausbildung der Werkzeuge zum Teil willkürlich, jeder Verschlußgröße angepaßt	Einheitliche und bei jeder Größe gleichmäßige Durchbildung	
Einzelne Teilapparate mit entsprechenden Teilapparaten anderer Sätze für gleiche Verschlußform und Größe zusammen zu benutzen, nur mit Schwierigkeiten möglich	Teilapparate von Faltschachtelapparaten gleicher Verschlußgröße miteinander verwendbar	
Verstellung meist nur innerhalb kleiner Grenzen festgelegt	Große Verstellungsmöglichkeit	Vielseitige Verwendung
Anfertigung einzeln, nach Vorlage (Pappmuster), Löcher nur nach Zeichnung gebohrt, umständliche Fabrikation, Lieferung erst nach Herstellung auf Grund der Bestellungsangaben in Wochen	Anfertigung in Serien, sämtliche Stempel nach Lehre, alle Teile in Vorrichtungen hergestellt, Lieferung ab Lager sofort	Beste Ausführung, billige Preise, sofortige Lieferung.

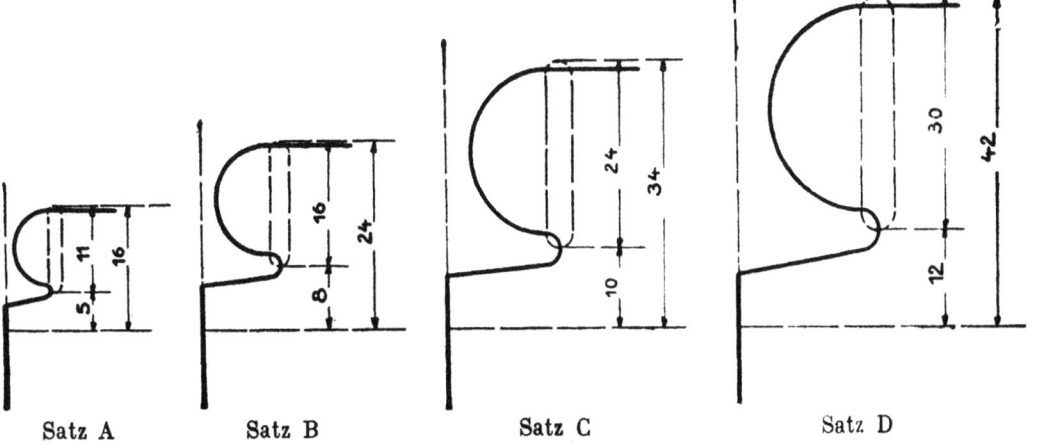

Satz A   Satz B   Satz C   Satz D

BISHERIGE NORMUNG, TYPUNG, SPEZIALISIERUNG

Graphische Ermittlungstabelle
für Schachteltiefe, Schlitztiefe und Überlappung bei Faltschachteln mit Lappenverschluß

Die graphische Ermittlungstabelle besteht aus drei Skalen, die in entsprechender Aufteilung Zahlenangaben über *Schlitztiefe, Schachteltiefe* und *Überlappung* einer Faltschachtel bringen und sich durch ihre Anordnung zueinander in einem gewissen Abhängigkeitsverhältnis befinden.

Die drei Skalen sind so aufgetragen, daß durch einfaches Verbinden je zweier Punkte auf zwei Skalen, an der dritten Skala der zu ermittelnde Wert abgelesen werden kann.

In der Skala *f* sind die Überlappungen 16, 24, 34 und 42 mm durch Buchstaben A, B, C und D, welche die normalen Überlappungen kennzeichnen, wie solche meistens in Anwendung sind, besonders vermerkt. Die Verwendungsbereiche der *Faltschachtelstanzsätze A, B, C oder D* werden durch den Raum zwischen zwei von den zugehörigen Punkten A, B, C und D ausgehenden Strahlen abgegrenzt. (Siehe 1. Anwendungsbeispiel!)

Für Faltschachtel-Stanzsätze gibt die Tabelle noch weiter Aufschluß über den Bereich der Verstellbarkeit der Stecklöcher durch die an der Skala *f* zwischen Pfeilen eingetragenen Grenzen; diese Grenzen sind nach Stanzsätzen A, B, C und D eingeteilt, wobei die Grenzen für die erreichten Schlitztiefen *b* ebenfalls ungeändert bleiben.

Anwendungsbeispiele

1. *Gesucht wird*: **Schlitztiefe b**
   Bekannt ist: Schachteltiefe a = 80 mm
   Überlappung des Stanzsatzes B f = 24 mm
   Ergebnis: **b = 52 mm**

   Die Zahl 52 wird erhalten durch Verbinden der Punkte 80 und 24 auf der Skala **a** und **f** und durch Ablesen des Schnittpunktes dieser Verbindungsgeraden mit der Skala **b**.

2. *Gesucht wird*: **Schachteltiefe a**
   Bekannt ist: Schlitztiefe b = 52 mm
   Überlappung des Stanzsatzes B f = 24 mm
   Ergebnis: **a = 80 mm**

   Die Zahl 80 wird erhalten durch Verbinden der Punkte 52 und 24 auf der Skala **b** und **f** und durch Ablesen des Schnittpunktes dieser verlängerten Verbindungsgeraden mit der Skala **a**.

3. *Gesucht wird*: **Überlappung f**
   Bekannt ist: Schachteltiefe a = 80 mm
   Schlitztiefe b = 52 mm
   Ergebnis: **f = 24 mm**

   Die Zahl 24 wird erhalten durch Verbinden der Punkte 80 und 52 auf den Skalen **a** und **b** und Ablesen des Schnittpunktes dieser verlängerten Verbindungsgeraden mit der Skala **f**.
   Die Tabelle besagt ferner, daß die Verbindungsgerade zwischen zwei Strahlen liegt, die ihren Scheitel in einem Punkt B der Skala **f** haben. Hieraus ergibt sich, daß für die Herstellung des Verschlusses in dem genannten Ausmaß ein **normaler Faltschachtel-Stanzsatz** B erforderlich ist.

4. *Gesucht wird*: **Überlappung f**
   Bekannt ist: Schachteltiefe a = 80 mm
   Schlitztiefe b = 54 1/2 mm
   Ergebnis: **f = 29 mm**

   Die Zahl 29 wird erhalten durch Verbinden der Punkte 80 und 54 1/2 auf den Skalen **a** und **b** und Ablesen des Schnittpunktes dieser verlängerten Verbindungsgeraden mit der Skala **f**.
   Wie aus der Skala **f** ersichtlich ist, liegt die Überlappung **f = 29 mm** innerhalb der beiden Grenzbereiche für Stanzsätze B sowohl wie C. Die Wahl des Stanzsatzes richtet sich für jeden einzelnen Fall nach der Größe der Packung unter Berücksichtigung der Lappengröße.

5. *Gewünscht wird*: **Schachteltiefe a = 140 mm**
   Vorhanden ist: ein Faltschachtel-Stanzsatz B mit einer Überlappung f = 30 mm.

Es ist zu untersuchen, ob die gewünschte Schachteltiefe von a = 140 mm mit dem Faltschachtel-Stanzsatz B erreicht werden kann, oder wenn dies nicht der Fall, welcher andere Stanzsatz zu verwenden ist. Durch Verbinden der beiden Punkte 140 und 30 auf den zugehörigen Skalen a und f ergibt sich auf der Skala **b** eine entsprechende Schlitztiefe b = 85 mm. Diese liegt aber außerhalb des Bereiches der mit dem Faltschachtel-Stanzsatz B erreichbaren Schlitztiefen. Letzterer kann also nicht benutzt werden. Es muß mithin ein anderer Faltschachtel-Stanzsatz gewählt werden. Der Punkt 30 liegt aber innerhalb der von den zugehörigen Strahlen festgelegten Grenzen sowohl für den Faltschachtel-Stanzsatz C als auch D. Für diesen Fall könnten somit beide Stanzsätze verwendet werden, wobei aber die Überlappung des Stanzsatzes D nicht 30 mm bleibt, sondern entsprechend größer wird, während beim Stanzsatz C statt der normalen Stecklochlage (f = 34 mm) im vorliegenden Falle 30 mm beibehalten werden könnte.

Vorzugsweise wird hier der Stanzsatz C mit einer normalen Überlappung f = 34 mm anzuwenden sein, da dieser den angrenzenden Verwendungsbereich des Stanzsatzes B ausfüllt und zusammen mit diesem weitgehendste Verwendungsmöglichkeit für Schachteltiefen in den Grenzen von 44 mm bis 166 mm gestattet. Außerdem ist die schnelle Lieferung ab Lager für diesen Stanzsatz C von Vorteil. Die Serienherstellung dieses Satzes wirkt auch auf den Preis ermäßigend.

BISHERIGE NORMUNG, TYPUNG, SPEZIALISIERUNG

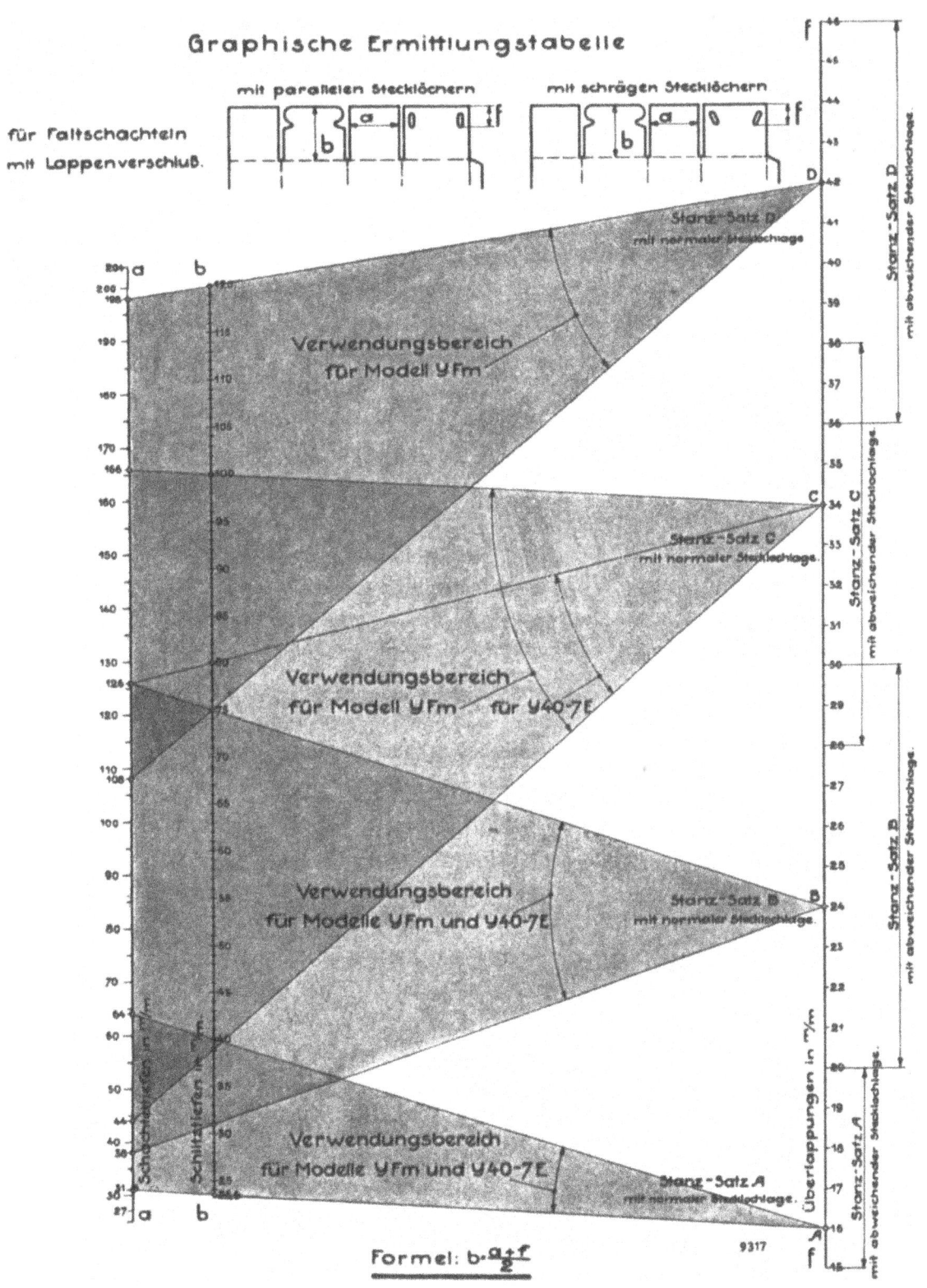

BISHERIGE NORMUNG, TYPUNG, SPEZIALISIERUNG

Normung, Typung und Spezialisierung in der Papiermaschinenindustrie regt in folgerichtiger Durchführung auch eine Vereinheitlichung des Verkaufsprozesses einer Maschine an. Im IV. Teil dieses Buches ist schon erwähnt, wie an Hand geeigneter Druckschriften die kaufmännischen Abteilungen eines Werkes instand gesetzt werden, die Abnehmer von Maschinen nicht nur von der Notwendigkeit des Normungsgedankens zu überzeugen, sondern diese auch an Stelle der früher bezogenen mannigfaltigen Typen zum Kauf der auf ein vereinheitlichtes Programm gebrachten Papiermaschinen zu veranlassen. Das Angebotssystem innerhalb dieses vereinheitlichten Fertigungsgebietes war dann weiterhin nach vereinfachten, allgemein gültigen Regeln zu bestimmen. Diesem Zweck diente die

Normung der Kostenanschläge

Über *Normung der Werbesachen* ist genügend Literatur vorhanden. Aus diesem großen Gebiete ist, nach Angaben des Verfassers durchgeführt, *die Normung der Kostenanschläge* als Beispiel herausgegriffen worden.

Die Vorteile der Normung der Kostenanschläge zeigt folgende Gegenüberstellung:

vor der Normung	*nach der Normung*
Inland	
Format: Quartformat = 22,5 × 29 cm	Normalformat: Din 476 A 4 = 21 × 29,7 cm
Ausstattung: ohne Abbildung der anzubietenden Maschine	Ausstattung: mit Abbildung der anzubietenden Maschine
Aufbau: willkürlich nach Veranlagung des Diktierenden	Aufbau: genormt
Text: nach Diktat an Hand des Kataloges	Text: genormt
Nachteile: falsche Angaben, die Maschine betreffend, waren möglich, denn es konnten vergessen, mangelhaft oder unvollständig angeboten werden: Maschinenart, Modellbezeichnung, Hauptmerkmale, Verwendbarkeit, Vorzüge, Zubehör, Sondereinrichtungen, (die auf Wunsch mitgeliefert oder nachgeliefert werden können), Umbaumöglichkeiten, wichtige technische Angaben über Kraftbedarf, Riemenscheibenabmessungen u. Umdrehungszahlen, Raumbedarf der Maschine, Gewichte netto sowie brutto für Land -und Seetransport, Raummaße der Seekiste	Vorteile: falsche Angaben über die Maschine sind nicht möglich, dadurch günstigstes Angebot der Maschine, Klarheit, zuverlässige, richtige Angaben, wodurch alle Vorbedingungen zum Kaufabschluß erfüllt sind.
Es konnten fehlen: Hinweise auf Werbeblätter, Lieferungsbedingungen	Sind vorgedruckt
Rückfragen des Empfängers jederzeit möglich	Rückfragen des Empfängers nicht nötig

BISHERIGE NORMUNG, TYPUNG, SPEZIALISIERUNG

Jeder Kostenanschlag beanspruchte durchschnittlich:

bei bisherigem zum Teil dürftigen Inhalt				wenn erschöpfend behandelt, wie genormte Kostenanschläge				gedruckt mit und ohne Stern				Schema-Abschrift			
Diktat	Maschine-schreiben	Vordruck	Durchschlag	Diktat	Maschine-schreiben	Vordruck	Durchschlag	Diktat	Maschine-schreiben	Vordruck	Durchschlag	Diktat	Maschine-schreiben	Vordruck	Durchschlag
Min.	Min.	Pf.	Pf.	Min.	Min.	Pf.	Pf.	Min.	Min.	Pf.	Pf.	Min.	Min.	Pf.	Pf.
5	15	1	1	15	45	1	1	5	10	4 (Druckkosten)	1	15	30	1	1

20	2	60	2	15	5	35	2
Fehler möglich		Fehler möglich		Fehler nicht möglich		Fehler nur beschränkt möglich	

Ausland

Fremdsprachlicher Korrespondent mit Kenntnis der Fachausdrücke nötig	Übersetzung genormter deutscher Kostenanschläge nur einmal
Schwieriges Diktat: selbst nach vorhandenem fremdsprachlichem Katalog	Diktat: überflüssig
Maschinenschreiben schwierig, fremdsprachliche Kenntnis Voraussetzung	Maschineschreiben: leicht bei Nachschrift oder hinfällig bei Druck

In- und Ausland

Begleitbriefe: stets Diktat	Begleitbriefe: für Mehrzahl der Fälle genormt, Schema zum Abschreiben numeriert
	Abschrift des Begleitbriefes leicht, Zusätze individuell in kurzer Form

Übersicht I

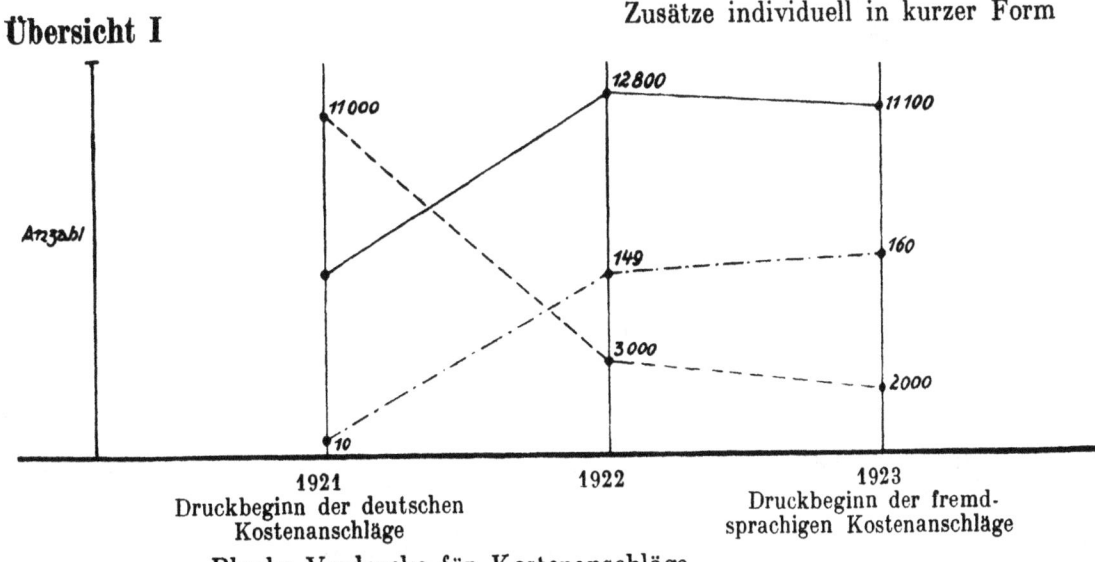

――――― = Blanko-Vordrucke für Kostenanschläge.
――――― = Verwendete Vordrucke laut Angebots-Statistik.
–·–·–·– = Anzahl der vorhandenen gedruckten Kostenanschläge nach Modell-Chiffern.

KARL KRAUSE LEIPZIG

FERNSPRECHER: NUMMER 72851 / TELEGRAMME: „KRAUSEKARL" LEIPZIG / POSTSCHECKKONTO: LEIPZIG 919
CODE ABC V UND VI / CARLOWITZ-CODE / BAUERS CODE / HILLGERS DEPESCHENKÜRZER / STAUDT & HUNDIUS

MAPPE NR. _____
bei Antwort anzugeben

LEIPZIG, den _____
Zweinaundorfer Str. 59

KOSTENANSCHLAG

für _____

Auf Grund meiner beiliegenden Verkaufs- und Lieferungs-
Bedingungen Nr.   biete ich Ihnen freibleibend an:

Patent-Schnellschneider „Krause"-Record, Modell A 125 F,
mit 125 cm Schnittlänge und 12 cm Einsatzhöhe.

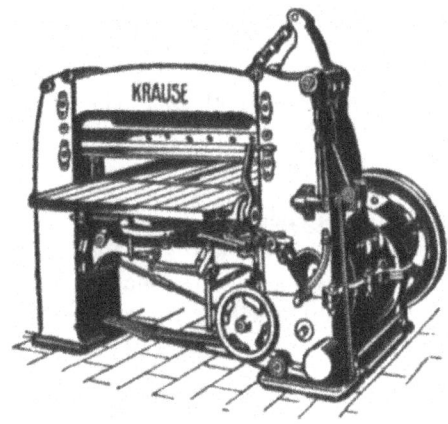

mit automatischer Pressung für alle
Stoßhöhen, Schnellsattel, Feineinstellung, mechanischem Vorschub,
Schnittandeuter, Schmalschneider, neuartiger Einrückung, automatischer Ausrückung in höchster Messerstellung,
Dauerlaufeinrichtung und Momentausrückung, Seitenwinkel am Vorder- und
Hintertisch, sowie Werkzeugkasten im
Maschinengestell.

Die Maschine arbeitet im S c h w i n g -
s c h n i t t mit automatischer Pressung
ohne Verstellung und für alle Stoßhöhen passend.

Der P r e ß d r u c k ist dem Schneidgut
und dem Messerzustand entsprechend
einstellbar. Der Preßbalken hält
das Schneidgut gepreßt, bis das Messer beim Rückgang am Stapel
vorbei ist.

M e s s e r t r ä g e r und Preßbalken gehen in nachstellbaren
Führungen.

Das M e s s e r ist doppelt ausnutzbar, bequem nach vorn zu wechseln
und mit freiliegendem Spannschloß einstellbar.

Der g e s a m t e A n t r i e b ist in einem geschlossenen Getriebe-
kasten vereinigt. Schwungrad mit Riemenscheibe und Antriebs-
welle laufen in K u g e l l a g e r n. Vorgelege- und Kurbelwelle
laufen in Lagern mit R o t g u ß s c h a l e n.

Die n e u e R e i b u n g s k u p p l u n g für das Ein- und Ausrücken der
Maschine ist auch bei laufendem Schwungrad sehr leicht einstellbar, desgl. eine reichlich bemessene, sicher wirkende Bremse.

A u t o m a t i s c h e A u s r ü c k u n g in höchster Messerlage erfolgt
nach jedem Schnitt. Ein praktisch zu bedienender Handhebel
gestattet die Umstellung der Maschine auf

D a u e r l a u f und dient zugleich zur

M o m e n t a u s r ü c k u n g der Maschine in jeder Messerstellung.

Der beiderseits von Zugstangen gefaßte **Preßbalken** ist zugleich **Schnittandeuter** und arbeitet mit einem Sattelrechen zusammen als neue **Schmalschneide-Einrichtung**. Der Sattelrechen ist als glatte Anlage umschraubbar.

Schnittandeuter und Einrückgestänge sind so miteinander verbunden, daß das Einrücken der Messerbewegung nur erfolgen kann, wenn der Schnittandeuter auf dem Stapel liegt. Außerdem schützt ein besonderer Sicherungsgriff vor unbeabsichtigtem Einrücken, es wird also jeder Schnitt angezeigt, sodaß Fehlschnitte ausgeschlossen sind.

Der neue **Einheitstisch** hat ein günstig liegendes Handrad für die Schnellverstellung und einen bequemen Handhebel für Feineinstellung sowie mechanischen Vorschub, der mittels einer kleinen Kurbel in beliebiger Abstufung von 0 bis 150 mm einstellbar ist. Diese drei Bewegungsarten für den Sattel sind in beliebiger Folge ohne irgend welche besonderen Handgriffe zu bedienen.

Der **Tisch ist kippbar** und seitlich etwas **schwenkbar**.

Die normale Umlaufszahl ergibt **30 Schnitte** in der Minute.

Die **Kraft für den Messerantrieb** fällt nach Lage und Richtung mit dem Widerstandsmittel zusammen; daher geringster Verschleiß und zusammen mit Kugellagerung des Antriebes **geringster Kraftbedarf**.

Die **niedrige Bauart** gewährt freie Übersicht im Werkraum; die geschlossene Bauart ist der beste Schutz gegen Unfälle und Verschmutzen.

Günstige Materialverteilung ergibt bei kräftiger Ausführung geringstes Gewicht und damit geringste Bodenbelastung, sowie niedrige Fracht- und Zollkosten.

Zur Ausrüstung der Maschine gehören: 2 doppelt ausnutzbare Messer, 2 Schneidleisten, Schmiervorrichtungen, Schutzvorrichtungen, Mutterschlüssel, Schraubenzieher, Ölkanne und Gebrauchsanweisung.

Kraftbedarf der Maschine je nach Beanspruchung etwa 3-5 PS.
Riemenscheibe der Maschine für Antrieb von der Transmission oder direkt vom Elektromotor 350 mm Durchmesser und 75 mm Breite.
Umdrehungen der Riemenscheibe der Maschine in der Minute etwa 450.
Raumbedarf der Maschine ohne Raum für die Bedienung etwa:
213 cm Breite, 244 cm Tiefe.
Nettogewicht der Maschine etwa 2100 kg.
Bruttogewicht für Landtransport etwa 2500 kg,
für Seetransport etwa 2600 kg.
Raummaß der Seekisten etwa 5.08 cbm.

Maschine einschl. der genannten Ausrüstungsteile

Verpackung für   -Transport.................. _____

Ab Fabrik Leipzig............................. _____

Ich biete Ihnen zur Maschine passend noch an:

Ersatz-Messer ....

Lieferzeit unverbindlich etwa

Zahlungsbedingungen:

Anbei:
Verkaufs- und Lieferungsbedingungen Nr
1 Werbeblatt Nr. 1159.

BISHERIGE NORMUNG, TYPUNG, SPEZIALISIERUNG

Aufbau und Text der Kostenanschläge.

Als Grundlage für den Aufbau der Kostenanschläge gilt das gegenwärtige Bauprogramm, wozu noch der Vollständigkeit wegen das Bauprogramm von 1914 genommen wurde. Für jede Type, jedes Modell, bzw. jede Größe einer Type mußte ein Kostenanschlag vorgesehen werden. Unterscheiden sich mehrere Größen einer Type nur in den Abmessungen, Gewichten usw., dann sind diese in einem Kostenanschlag zusammengefaßt, wodurch die Anzahl der Kostenanschläge verringert werden konnte. Diese Gattung Kostenanschläge erhielt neben der Nummer als besonderes Kennzeichen einen Stern, der bedeutet, daß in diesen Formularen kurze Nachträge zu leisten sind.

Die Kostenanschläge sind in zwei Hauptgruppen gegliedert.

Gruppe I umfaßt:

a) je einen Kostenanschlag für jede Größe einer Type
b) je einen Kostenanschlag für mehrere Größen einer Type von sämtlichen normalen, gangbaren Maschinen. Die Kostenanschläge unter b) sind mit einem Stern gekennzeichnet.

Gruppe II umfaßt:

je einen Kostenanschlag für jede Größe einer Type der weniger gangbaren Maschinen und Sonderausführungen.

Für Gruppe I wurde Druckausführung in Schreibmaschinenschrift gewählt, Gruppe II besteht nur aus geschriebenen Vorlagen (Schema), die durch ein „S" neben der Nummer des Kostenanschlages gekennzeichnet sind.

Aufbau der Gruppe I a.

1. *Anbietungsformel,* z. B.: Auf Grund meiner Verkaufs- und Lieferungsbedingungen (Nr. *eintippen*) biete ich Ihnen usw.
2. *Firma (eintippen).*
3. *Maschinenart und Antriebsart,* z. B.: Schwere Schneidemaschine für Kraftbetrieb, gedruckt.
4. *Modellbezeichnung,* z. B.: A 104 F, gedruckt, mit wichtigsten Abmessungen z. B. Schnittlänge, Einsatzhöhe, Druckfläche, Stanzfläche, Druckkraft usw. je nach Art der Maschine.
5. Wichtigste *Merkmale,* wie Schnittart, Pressung, Bewegungsart, Tischart, Ein- und Ausrückeinrichtung usw., z. B. mit Schwingschnitt, Schnellsattel, automatischer Pressung, Schmalschneider usw.
6. *Verwendung* der Maschine und *Bauart.*
7. Beschreibung der *Vorzüge,* nach 4, ausführlich und einzeln erläutert, folgerichtig nach der Wichtigkeit der Teile, z. B. bei Schneidemaschinen:
   Schnittbewegung, Pressung, Schnittandeuter, Messerhalter, Tischart und Sattelbewegung, Anlegeeinrichtungen, Antriebsart, Kupplungsart, Einrückungsmerkmale, Ausrückungsarten, Beschreibung sonstiger anderer Vorzüge, z. B. Bewegungsübertragungen, Rädervorgelege usw.
8. *Normale mit der Maschine zu liefernde Ausrüstungsteile.*

BISHERIGE NORMUNG, TYPUNG, SPEZIALISIERUNG

9. *Sonstige Verwendungsmöglichkeiten* der Maschine bei Bezug einfacher mitlieferbarer Messer, Werkzeuge oder Apparate (nur wo unbedingt wichtig).
10. *Kraftbedarf.*
11. *Abmessungen der Riemenscheiben* für Transmissionsantrieb und Elektromotorantrieb.
12. *Umdrehungszahlen der Riemenscheiben.*
13. *Raumbedarf.*
14. *Nettogewicht.*
15. *Bruttogewicht* für Landtransport, für Seetransport.
16. *Raummaß der Seekisten.*
17. *Maschinenpreis (ist einzutippen).*
18. *Verpackungspreis (ist einzutippen).*
19. *Preis ab Fabrik (ist einzutippen).*
20. *Anbietung* von *Sonderteilen:* Messerarten, Werkzeuge, Apparate, Einrichtung für Sonderarbeiten *(sind entsprechend der einzelnen Maschine einzutippen).*
21. *Lieferzeit (eintippen).*
22. *Zahlungsbedingungen (sind einzutippen).*
23. *Anlagen:* Lieferungsbedingungen Nr. *(eintippen)*, Werbeblätter Nr. *(gedruckt)*, Arbeitsmuster, Zeugnisse.

Aufbau der Gruppe I b.

Diese Gruppe wird durch einen Stern gekennzeichnet. Dieser Stern ist ein Hinweis, daß Nachtragungen erforderlich sind. Alle Möglichkeiten sind auf dem entsprechenden Vordruck mit roter Tusche eingetragen und können ohne weiteres abgeschrieben werden.

Der *Aufbau* der Gruppe Ib ist in allen Teilen der gleiche wie unter Ia.

Die Eintragungen erfolgen wie unter Gruppe Ia geschildert.

Nachtragungen beziehen sich auf:
    Antriebsart bei Modellbezeichnung *(eintippen).*
    Sonstige Maße je nach Maschinenart (z. B. *einfache, zweifache* oder *dreifache* Hintertischlängen *sind einzutippen*).
    Raumbedarf (ev. eintippen).
    Gewichte (ev. eintippen).
    Raummaße (ev. eintippen).

Aufbau der Gruppe II.

Gruppe II Schema-Kostenanschläge nur vorgeschrieben: Kennzeichen Nr. mit S.
    Aufbau genau wie I, a).
    Eintragungen wie unter I, a).

IV. TEIL / WEGE ZU WEITERER VEREIN-HEITLICHUNG

WEGE ZU WEITERER VEREINHEITLICHUNG

Bevor unternommen werden soll, Wege zu weiterer Vereinheitlichung in der Papiermaschinenindustrie zu weisen, mag in mancher Hinsicht klärend und anregend die Überlegung wirken, wie eine Zentralstelle, der die Aufgabe der Normung, Typung und Spezialisierung für sämtliche Werke übertragen wird, vorgehen würde.

Zunächst hat die Wahl des Gebietes zu erfolgen, in diesem Falle müßte also die Bestimmung getroffen werden:

Es werden nur Papiermaschinen, also Maschinen für die Papierindustrie und das graphische Gewerbe, gebaut, und zwar zunächst sämtliche Maschinen für diese Industrien.

Es kommen somit auch Industrien außer der Papierindustrie als Abnehmer in Frage, in denen Papiermaschinen, z. B. Ausstanzmaschinen, auch Verwendung finden.

Nachdem man das Gebiet und die Grenzfälle geklärt hat — von dieser Klärung wird weiter unten die Rede sein — ist eine Verständigung mit anderen Maschinenindustrien anzustreben, z.B. über die Eingliederung der hydraulischen Pressen, die jetzt mit vollem Recht auch „Papiermaschinen" sind.

Selbst bei völliger Klärung und Verständigung werden auch andere Industrien als die Papierindustrie als Abnehmer in Betracht kommen, da typische Papiermaschinen, wie Schneidemaschinen, auch in anderen Gewerben Verwendung finden. So werden Schneidemaschinen mit senkrechtem Schnitt und mit Zackenmesser oder geradem Messer in der Textil-Industrie zum Stoffmuster schneiden gebraucht, für die die Bezeichnung Musterschneidemaschine sich eingebürgert hat.

Für das dann verbleibende große Gebiet „Papiermaschinen" — Spezialisierung im Maschinenbau — werden die geeignetsten vorhandenen Typen ausgewählt — Typung, von der noch die Rede sein wird —, wobei besonderer Wert auf eine möglichst geringe Zahl von Typen zu legen ist. Es empfiehlt sich auch hier, nicht nur eine „Liste A", sondern eine „Liste B" und eine „Liste C" zunächst aufzustellen.

Bei den ausgewählten Typen, zum Teil in verschiedenen Ausführungen und Größen, die, falls erforderlich, verbessert oder durch neue zu ersetzen sind, werden die Einzelteile vereinheitlicht — Normung —, bis *die* Type oder *die* Typen für jede Maschinenart geschaffen sind.

WEGE ZU WEITERER VEREINHEITLICHUNG

Diese Typen werden auf die für ihre Herstellung entweder bereits gut eingerichteten oder sich eignenden Werke zur Fertigung verteilt — Spezialisierung —, wodurch Betriebe zu Spezialfabriken werden. Hierbei werden „Anlagen", soweit notwendig, in einem Werke gebaut und unter Berücksichtigung der Eigenart, der Einrichtungen und der besonderen Fertigkeiten und Kenntnisse der Belegschaft jedes Betriebes die einzelnen Typen so zusammengefaßt und verteilt, daß die Herstellung der Maschinen die denkbar wirtschaftlichste wird.

Belieferung der einzelnen Werke durch Spezialfabriken, die genormte Teile liefern, ist möglich. Bei Absatzstockungen in einzelnen Typen erfolgt Ausgleich durch Zuweisung anderer Typen oder von Einzelteilen für Maschinen, deren Absatzmöglichkeit zurzeit besser ist, unter Beachtung der Eigenart der Betriebe.

Im III. Teil ist gezeigt, wie ein einzelnes Werk für sein Gebiet die Aufgabe durchgeführt hat. Für das gesamte Gebiet unter Berücksichtigung sämtlicher Papiermaschinen müssen die Unterlagen ergänzt werden.

Erst nachdem die mit der Aufgabe, Maschinen für die Papierindustrie und das graphische Gewerbe zu bauen, zusammenhängenden Fragen geklärt sind, sollte zur Typung übergegangen werden.

Bei der Typung unterscheidet man:

I. *Auswahl der geeignetsten Typen aus den vorhandenen Typen.*
II. *Schrittweise Durchbildung der gewählten Typen, Schaffung neuer Typen.* Dabei Normen der Grundelemente und Einzelteile zwecks Austauschbarkeit und wirtschaftlichster Herstellung.

Die Aufgaben der Papiermaschinen sind im 1. Teil in einer Übersicht erläutert. Es wird im folgenden nur auf das Teilgebiet „Papierverarbeitung" eingegangen. Die *Papierverarbeitungsmaschinen*, mithin die auszuwählenden Typen, haben die Aufgabe:

Papier (Erzeugnis der Papierfabrik) oder andere Werkstoffe mit Hilfe der Arbeitsvorgänge auf einer oder mehreren Papierverarbeitungsmaschinen zu verarbeiten.

Die Lösung dieser Aufgabe bedingte bisher eine außerordentlich große Zahl von Typen, diese oft in verschiedenen Ausführungen und Größen. Gelingt es, sie zu mindern, so ist dadurch eine wirtschaftlichere Herstellung der dann noch verbleibenden Typen möglich.

Aber es besteht keine Aussicht, unter einer immerhin noch großen Mindestzahl von Typen auszukommen, deren Einzelteile jedoch weitgehendst zu

WEGE ZU WEITERER VEREINHEITLICHUNG

normen und mithin austauschbar wären. Die Gründe, die bis auf weiteres in kaum einer Type eine Massenherstellung, sondern höchstens die Herstellung in großen Serien ermöglichen, sind weiter unten verzeichnet. Daher wird auch eine größere Fabrik zunächst nicht dazu kommen, nur eine Type herzustellen, also restlos die Vereinheitlichung durchzuführen.

Als Begründung dafür, daß viele Typen nach wie vor notwendig sind, seien die außerordentlich verschiedenen und vielseitigen Aufgaben angeführt, die an die Papierverarbeitungsmaschinen gestellt werden und von diesen zu lösen sind.

Es können unter anderem verschieden sein:

Das gewünschte Erzeugnis

　a) entweder das veredelte oder für verschiedene Gebrauchszwecke auf Papierverarbeitungsmaschinen umgewandelte Papier (z. B. technische Papiere),

　b) oder das Zwischenprodukt (z. B. Schachtelzuschnitt), aus dem das Erzeugnis c) durch weiteres Verarbeiten entsteht,

　c) das Erzeugnis, soweit es nicht unter a) enthalten ist (siehe „Verzeichnis der Erzeugnisse", Anhang 4).

Die Herstellungsweise, insbesondere verschieden im Groß- und Kleinbetrieb, bei Einzelanfertigung, Massenherstellung etc. (siehe Anhang 5, Beispiel „Etiketten").

Der oder die zu verarbeitenden Werkstoffe, z. B. Papier, Karton, Pappe in ihren vielen Arten etc., Hilfsstoffe, wie Leim etc.

Die Bearbeitbarkeit des zu verarbeitenden Werkstoffes oder des weiter zu verarbeitenden Zwischenproduktes (siehe Tabelle „Werkstoffe", Beilage).

Das Verhalten bei der Verarbeitung, z. B. beim Anlegen, Ablegen, Vorschub etc.

Zustand des zu verarbeitenden Werkstoffes, z. B. trocken, feucht.

Die Form des zu verarbeitenden Werkstoffes, z. B. Rollen, Bogen, Stöße, Lagen etc., oder des weiter zu verarbeitenden Zwischenproduktes, z. B. Hülse.

Abmessungen des zu verarbeitenden Werkstoffes, insbesondere Format (Flachformat, Raumformat), Rollenbreite, Stoßhöhe etc. (Höhe, Breite, Länge, Durchmesser etc.).

Arbeitsvorgang z. B. Schneiden.

Zusammengefaßte Arbeitsvorgänge z. B. Schneiden und Ritzen oder Abrollen, Schneiden, Aufrollen.

WEGE ZU WEITERER VEREINHEITLICHUNG

Arbeitsfolgen (Arbeitsgänge), z. B. Falten, Kleben, Abschneiden. Arbeitsfolgen = Folgen der einzelnen Arbeitsvorgänge bei einem Durchgang durch die Maschine.

Prinzipielle Lösung der drei letztgenannten Aufgaben, z. B. Prägen auf Pressen oder Walzwerken.

Gewünschter *Arbeitsausfall*, z. B. Genauigkeit, sauberer Schnitt, tiefe Prägung.

Die gewünschte *Leistung* (in weitgehendstem Sinne), z. B. Anzahl der Prägungen pro Minute bei Prägepressen.

Der erzielbare *Preis*. Oft wird billige Maschine verlangt.

Geforderte *Antriebsart* (Fuß-, Hand-, Transmissions-, Elektromotorantrieb, gemischter Antrieb).

Raumbedarf, darf oft nicht beliebig groß sein, zum Teil spielt er keine Rolle.

Gewicht. Leichte Maschine spart Fracht, Zoll und kann bei leichten Decken ohne weiteres aufgestellt werden. Manche Abnehmer wünschen „schwere" Maschinen, um diese evtl. überanstrengen zu können, oder andere Arbeiten als ursprünglich vorgesehen, die eine schwerere und kräftigere Maschine bedingt, auch ausführen zu können.

Art der *Bedienung*. Die Gewohnheiten der bedienenden Arbeiter eines Landes spielen z. B. bei Exportindustrien eine große Rolle.

Die gewünschte Ausnutzbarkeit der Maschine.

Die Maschine soll entweder „*Universal-Maschine*" sein, d. h. entweder die eine oder andere Arbeit verrichten, evtl. durch Wechseln der Werkzeuge und dergl. Dadurch geringere Kapitalanlage, bessere Ausnutzung (z. B. Universal-Stanzmaschine.)

oder die Maschine soll eine „kombinierte" sein, d. h. mehrere Arbeiten in einem Arbeitsgange verrichten, entweder aus wirtschaftlichen Gründen oder wegen größerer Genauigkeit bei einmaligem Anlegen,

oder die Maschine soll oder kann eine Spezialmaschine sein, die nur einem oder wenigen Zwecken (z. B. Beutelmaschine) dient.

oder soll schließlich mehreren der obigen Wünschen entsprechen.

Die häufig erwünschte Vielseitigkeit im Interesse größerer Absatzmöglichkeit für die herstellende Maschinenfabrik.

Da eine ursprünglich nur für eine besondere Arbeit in der Papierindustrie gebaute Maschine oft anderen Arbeiten in der Papierindustrie oder in anderen Gewerben dienen soll (z. B. durch Zutaten, besondere Einrichtungen, Werkzeuge etc.).

Arbeitsmethoden und Entwicklungsstadium in den einzelnen Industrien verschiedener Länder.

Da oft neue Arbeitsmethoden aufkommen, z. B. in einem Lande mit hoher technischer Entwicklung, sind für dieses andere Typen oft notwendig, während die alten Typen für bisherige Arbeitsweise in noch nicht so entwickelten Ländern bestehen bleiben müssen.

Die mannigfachen Aufgaben, die an die Papierverarbeitungsmaschinen gestellt werden, bedingen jedoch nicht ebenso viele prinzipielle Lösungen und entsprechend viele Typen, vielmehr sind bei manchen, an sich verschiedenen Aufgaben die prinzipiellen Lösungen gleich. Auch können verschiedenartige Aufgaben durch im Aufbau ganz oder teilweise gleiche oder ähnliche Maschinen gelöst werden.

Je mehr man die einzelnen Anforderungen, ferner die diese bedingenden und mit ihnen zusammenhängenden Faktoren geklärt hat, umsomehr kommt man dem Ziele nahe, nur unbedingt notwendige und bewährte Typen beizubehalten oder neue zu schaffen, deren Zahl dann so gering wie möglich sein kann. Die allgemeinen Gesichtspunkte, die der Konstrukteur beachten muß, der neue Typen baut oder alte Typen verbessert bzw. weiterentwickelt, sind in der entsprechenden Fachliteratur besprochen.

Eine Kritik der Faktoren, die die Vielseitigkeit der Aufgaben, die von den Papiermaschinen zu lösen sind, hervorrufen, kommt zu folgendem Ergebnis:

Die Vereinheitlichung der *Erzeugnisse* der Papierindustrie und des graphischen Gewerbes wird allmählich immer mehr Platz greifen, da sie dem Verbraucher wie dem Papierverarbeiter und Drucker Vorteile bringt. Es kommen nur Erzeugnisse in Betracht, deren Vereinheitlichung erwünscht und möglich ist, nicht Luxuswaren und künstlerische Gegenstände. Je bessere Aufklärungsarbeit beim Verbraucher, Papierverarbeiter und Drucker geleistet wird, um so größer wird der Erfolg sein und um so eher wird er eintreten. Im Anhang 4 sind Vermerke über die Erzeugnisse eingetragen, die direkt oder indirekt von der Normung der Papierformate berührt werden.

Mit der Normung der „Flachformate", denn solche sind die Papierformate, darf man sich nicht zufrieden geben, es sind vielmehr Vereinheitlichungen über Raumformate erwünscht. Die Schwierigkeiten sind bekannt, und doch sollte man die Frage immer wieder prüfen, da sie z. B. für die Verpackungs- und Aufbewahrungsmittel, Ordner und Buchhüllen von entscheidender Bedeutung ist.

WEGE ZU WEITERER VEREINHEITLICHUNG

Nicht allein die eigentlichen Erzeugnisse der Papierindustrie sollten daraufhin untersucht werden, ob und wie weit Normung möglich ist, sondern auch andere Waren, von deren Raumformat eine außerordentlich stattliche Anzahl Erzeugnisse der Papierindustrie, z. B. die Verpackungsmittel, abhängig sind. Man sieht, welche Wechselbeziehungen zwischen den verschiedensten Industrien bestehen.

Die günstigste *Herstellungsweise* der einzelnen Erzeugnisse, die wesentlich abhängig ist von der Art, von der Einrichtung und Arbeitsweise des Papier verarbeitenden Betriebes, der verlangten Liefermenge und den die Herstellungsweise bedingenden Faktoren, muß der freien Entschließung des einzelnen vorbehalten bleiben. Es liegt in seinem Interesse, so gut und so wirtschaftlich wie möglich zu arbeiten. Aufklärende Arbeiten über bisherige Herstellungsweisen sind sowohl hier wie solche über die *Werkstoffe* und ihre Eigenart fördernd, weil die Wahl des geeignetsten Werkstoffes für einen bestimmten Zweck eine große Rolle spielt. In der deutschen Wirtschaft soll und darf nicht verschwendet werden, so daß es falsch wäre, zu teure Materialien in den Fällen zu verarbeiten, wo es nicht nötig ist, andererseits muß sie auf Lieferung guter Ware bedacht sein, wobei falsche Sparsamkeit durch Wahl eines minderwertigen Werkstoffes zu vermeiden ist.

Der *Bearbeitbarkeit* der in der Papierindustrie und im graphischen Gewerbe verwendeten Werkstoffe, insbesondere des Papieres in seinen vielen Arten, ist bisher nicht die nötige Aufmerksamkeit geschenkt worden. Die Papierprüfung befaßte sich bisher mit bestem Erfolge mit Versuchen verschiedenster Art, hat für viele Zwecke Methoden aufgestellt und verwendet besondere Maschinen und Apparate. Wenn man bedenkt, wieviel Papier in Deutschland verarbeitet wird, welche Werte für die der Verarbeitung dienenden Einrichtungen festgelegt sind und welche Kosten für Papierverarbeitung aufgewendet werden, so ist der Wunsch nur allzu berechtigt, die Frage der Bearbeitbarkeit des Papieres so eingehend wie möglich zu klären. Technischen Hochschulen, insbesondere der Technischen Hochschule zu Darmstadt in ihrer Abteilung Maschinenbau, Papieringenieurwesen, ferner dem Friedrichs-Polytechnikum Cöthen, Papiertechnische Abteilung, weiterhin Fachschulen und dem Materialprüfungsamt Groß-Lichterfelde, schließlich dem großen Kreis der Papierverarbeiter, einschließlich Drucker und der Maschinenfabriken, dürften nach Ansicht des Verfassers weitere dankbare Aufgaben erwachsen.

In der beigefügten Tabelle „Werkstoffe", Angaben über die Verarbeitung der gebräuchlichsten Werkstoffe auf Kreisscheren, Rill-, Ritz- und Nutmaschinen ist das Resultat einer Untersuchung der Bearbeitbarkeit von

WEGE ZU WEITERER VEREINHEITLICHUNG

Lederpappe, Holzpappe, Strohpappe, Lumpenpappe, Wellpappe, Papier, Karton, Preßspan und Vulkanfiber auf solchen Maschinen wiedergegeben. Es bildet nur einen Ausschnitt aus dem großen Kapitel „Bearbeitbarkeit der Werkstoffe in der Papierindustrie" und ist deshalb aufgenommen, um zu weiteren Arbeiten auf diesem Gebiete anzuregen.

Eng mit der Bearbeitbarkeit hängt das *Verhalten der einzelnen Werkstoffe bei der Verarbeitung* zusammen, insbesondere beim Anlegen, Ablegen, Vorschub usw. Papier in seinen vielen Arten und die übrigen Werkstoffe verhalten sich hierbei meistens so verschieden, daß es erklärlich ist, daß die Einführung automatisch arbeitender Maschinen im Bereich der Papierindustrie häufig auf große und zum Teil unüberwindliche Schwierigkeiten stößt.

Gleichfalls gehört zu diesem Kapitel das Verhalten des Werkstoffes beim Verarbeiten je nach dem *Zustand*, in dem er sich befindet. Die besondere Eigenart des Papieres, im Gegensatz z. B. von Blech, bringt hierbei eine Fülle von Besonderheiten, denen man in hohem Maße Rechnung tragen kann, wenn der gesamte Fragenkomplex durch eingehende Untersuchungen geklärt ist und Papierhersteller, Papierverarbeiter, Drucker und Maschinenfabriken gemeinsam der Schwierigkeiten soweit als möglich Herr zu werden suchen.

Bei den mannigfaltigen Aufgaben, die an die Papierverarbeitungsmaschinen gestellt werden, spielen ferner *Form* und *Abmessungen* des zu verarbeitenden Materials deshalb eine Rolle, weil sie einen entscheidenden Einfluß auf die Maschinen ausüben. Die in der Papierindustrie vorkommenden außerordentlich vielseitigen Formen und Abmessungen tragen nicht zum geringsten dazu bei, daß man die Zahl der unbedingt notwendigen Typen nur bis zu einer gewissen Grenze vermindern kann. Es bedeutet, wie schon einleitend erwähnt, einen außerordentlichen Schritt vorwärts, daß die Papierformate genormt sind, eine Maßnahme, deren Auswirkung in der Papierindustrie und deren Wirkung auf die Papierverarbeitungsmaschinen sich zurzeit noch nicht vollständig übersehen läßt, die jedoch wesentlich zur Verminderung der bisherigen notwendigen Maschinentypen beitragen wird, ebenso der Werkzeuge, z. B. der „Stanzeisen".

Es würde sich schon jetzt lohnen, festzustellen, welche Maschinentypen noch notwendig wären und welche Typen ausfallen könnten, wenn für Gebrauchsgegenstände nur Papierformate nach DIN 476, Reihe A, Verwendung finden würden. Diese Zusammenstellung würde dazu beitragen, dem Kreis der von der Wichtigkeit der Papierformatnormung Überzeugten neue Anhänger zuzuführen. Auf Raumformatnormung wurde bereits hingewiesen.

WEGE ZU WEITERER VEREINHEITLICHUNG

Wünsche für Werkzeug-Normung:
Stanzeisen

Vor der Normung	Vorschlag für Normung	Vorteil
Runde Stanzeisen Jede Größe nach Bestellung, Durchmesser beliebig Einzelherstellung	Anfertigung bestimmter Größen, z. B. bei kleinem ⌀ bis 50 mm in Abstufungen von 2 zu 2 mm, bis 80 mm 3 mm, bis 150 mm 5 mm, sonst 10 mm, Herstellung in Serien	Serienherstellung einzelner Größen, — schnelle Lieferung ab Lager, — billige Preise, — Vermeidung von Fehlerquellen bei Herstellung von Werkzeugen für genormte Schnittformen
Ovale Stanzeisen Jede Größe nach Bestellung, a und b im regellosen Verhältnis zueinander, Einzelherstellung	Bestimmtes Verhältnis a:b, außerdem Größen für a und b in Abstufungen festlegen, ähnlich wie bei runden Stanzeisen, Herstellung in Serien	
Beutel- und Kuvertmesser Jedes beliebige Format, mit Verschlußlappen in jeder beliebigen Form, nach Bestellung	Normung der Verschlußlappenform im Anschluß an Formatnormung durchführen, Serienherstellung der Stanzmesser für Einheitsgrößen ausführbar	
Verstellbares Kuvertmesser Winkel für Eckenausschnitt verschieden groß, für alle Größen nach Angabe des Bestellers	Winkelgröße für Eckenausschnitt am Umschlag einheitlich groß festlegen, dann gleicher einheitlicher Winkel der Messer am Werkzeug	
Etiketten-Stanzeisen Jede Form und Größe nach besonderen Angaben	Form und bestimmtes Verhältnis für Abmessungen, außerdem Größen in bestimmten Abstufungen festlegen. — Herstellung in Serien	

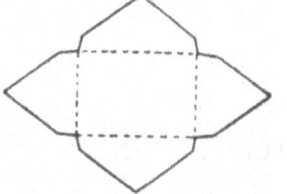

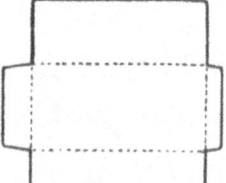

WEGE ZU WEITERER VEREINHEITLICHUNG

Der *Arbeitsvorgang*, dem der Werkstoff bei der Verarbeitung unterworfen wird, kann außerordentlich verschieden sein. Eine Zusammenstellung der in der Papierindustrie bei der Papierverarbeitung vorkommenden Arbeitsvorgänge befindet sich alphabetisch geordnet im Anhang 2. Auch hier sind die Benennungen der Arbeitsvorgänge sämtlich aufgeführt, die üblich sind. Es sind erwünscht: Begriffsbestimmungen, Vereinheitlichung der Bezeichnungen, Zusammenfassung der Arbeitsvorgänge nach Gruppen (systematische Gliederung) und Gliederung der einzelnen Arbeitsvorgänge in sich wofür im Anhang 3 ein Beispiel durchgeführt wurde, nämlich das Schneiden gegen Schneidunterlage auf Schneidemaschinen.

In dem Werke von *Krais*[1]) wird die *Bearbeitbarkeit* der einzelnen Werkstoffe nach folgendem Schema untersucht:

a) Zwecks Herstellung der äußeren Form: Gießen, Formen, Pressen, Kneten, Prägen, Schmieden, Walzen, Drahtziehen, Sägen, Schneiden, Hobeln, Fräsen, Drehen, Raspeln, Bohren, Spinnen, Zwirnen, Stricken, Weben, Wirken usw.

b) Zwecks Zusammenfügen verschiedener Teile: Löten, Schweißen, Kitten, Leimen.

c) Oberflächenbehandlung: Feilen, Schleifen, Polieren, Galvanisieren, Härten, Metallüberzüge (Vergolden usw.).
Chemische Metallbearbeitung (Brünieren usw.).
Beizen, Ölen, Lackieren, Firnissen, Anstreichen, Bleichen, Färben usw.

d) Reinigen und Trocknen.

e) Ausbessern.

Dieses Schema kann als Anhalt für vorliegende Zwecke dienen, muß jedoch für die Bearbeitbarkeit der Werkstoffe der Papierindustrie eine passende Umstellung erfahren. Legt man das Schema von *Krais* für die Bearbeitbarkeit des Papieres zugrunde, ergibt sich für die wichtigsten, bei der Papierverarbeitung vorkommenden Arbeitsvorgänge etwa folgende Einteilung:

Formgebung.

I. Durch schneidende Werkzeuge
   a) Schneiden
   b) Stanzen
   c) Schlitzen

---

[1]) Prof. Dr. *Paul Krais*: Werkstoffe, Handwörterbuch der technischen Waren und ihrer Bestandteile. Leipzig, Verlag Johann Ambrosius Barth.

d) Lochen
   e) Perforieren
   f) Ritzen
   g) Nuten
   h) Fräsen.
II. Durch formende Werkzeuge
   a) Runden (s. auch Schneiden und Stanzen)
   b) Biegen
   c) Rillen
   d) Falzen
   e) Rollen, Abrollen, Aufrollen, Umrollen
   f) Wickeln
   g) Prägen
   h) Grainieren
   i) Gaufrieren
   j) Kreppen
   k) Riffeln
   l) Ziehen
   m) Pressen.

Verbinden.
   Heften.   I. mit Faden
            II. „   a) Draht
                     b) Blechklammern
                     c) Blechstreifen
                     d) Nieten
                     e) Stiften.
   Kleben. Nach Oberflächenbehandlung
            (Auftragen von [flüssigem] Klebstoff = anleimen)
            Kleben
            Ankleben
            Aufkleben (Kaschieren)
            Umkleben
            Überziehen.

Oberflächenbehandlung.
   1. Auftragen einer (flüssigen) Schicht (nur Oberfläche)
            insbesondere
      a) Streichen
      b) Klebstoff auftragen (anleimen)

WEGE ZU WEITERER VEREINHEITLICHUNG

    c) Gummieren
    d) Lackieren
    e) Färben (Leimfarbe, Fettfarbe, Wasserfarbe) (siehe auch Drucken)
2. Imprägnieren (Material wird durch ein Bad geführt)
3. Auftragen einer (Puder-) Schicht einschließlich Einreiben, Verreiben, Abstauben (Bronzieren, Magnesieren, Talkumieren, Weißeinreiben, Säureeinreiben)
4. Drucken (Unterteilung unterbleibt des Umfanges dieses Gebietes wegen an dieser Stelle)
5. Linieren
6. Glätten
    a) Kalandrieren, Satinieren
    b) Friktionieren
    c) Glätten mit Stein
    d) Bürsten (Glanz bürsten) (siehe auch unter 3)
7. Feuchten
8. Trocknen.

Was die *zusammengefaßten Arbeitsvorgänge* betrifft, so gibt es viele Maschinen, die im Interesse einer wirtschaftlichen Herstellung der Erzeugnisse „kombinierte" sind, d. h. mehrere Arbeiten am Erzeugnis vornehmen bei einmaligem Durchgang durch die Maschine. So können auf kombinierten Rill-, Ritz- und Nutmaschinen mit Kreismessern entweder die Arbeitsvorgänge Schneiden und Rillen, oder Schneiden und Ritzen, oder Schneiden und Nuten zugleich ausgeführt werden, oder es werden nacheinander in einer Maschine Arbeitsvorgänge vorgenommen, also es ergeben sich *Arbeitsfolgen*, z. B. erst Falten, dann Kleben, dann Abschneiden auf Tütenmaschinen.

Die ganze wirtschaftliche und technische Entwicklung der Gegenwart drängt geradezu, an einer Maschine so viel Arbeiten wie möglich vorzunehmen, um Arbeitslöhne zu sparen. Die Vereinigung mehrerer Arbeitsvorgänge auf einer Maschine ist in der Papierindustrie auch deshalb häufig erwünscht, weil bei mehrmaligem Anlegen Ungenauigkeiten oft nicht vermieden werden können.

Konnte man oben feststellen, daß außerordentlich viele Arbeitsvorgänge in Betracht kommen können, so versteht es sich von selbst, daß die Arbeitsvorgänge in verschiedenster Weise zusammengefaßt oder als Arbeitsfolgen aneinandergereiht werden können.

WEGE ZU WEITERER VEREINHEITLICHUNG

Die *prinzipiellen Lösungen* obiger Aufgaben, also sowohl der einfachen wie zusammengefaßten Arbeitsvorgänge, letztere zum Teil in verschiedenen Folgen, sind zu ermitteln und zu vergleichen mit den bisherigen prinzipiellen und praktischen Lösungen durch die zurzeit vorhandenen Maschinen. Die Klärung der Frage ist nur eine Vorarbeit zur praktischen Lösung und zur Typung. Die mit den Arbeitsvorgängen zusammenhängenden Fragen sind so mannigfacher und zum Teil schwieriger Art, daß eine Klärung wesentlich dazu beitragen kann, Lösungen für die Konstruktion der Maschinen zu finden, die zu wenigen und verhältnismäßig einfachen Maschinentypen führen. Auch dabei sind der Vereinheitlichung gewisse Grenzen gesetzt.

Was den *Arbeitsausfall* betrifft, der selbstverständlich außerordentlich verschieden gewünscht wird, so sei an dieser Stelle nur auf die Genauigkeit der Formate hingewiesen. Zum Teil wird sie verlangt, zum Teil spielt sie keine große Rolle.

Es darf nicht unbeachtet bleiben, daß sich Papier beim Verarbeiten ganz anders verhält als andere Werkstoffe, z. B. Metalle, und daß es ein Unding wäre, die Toleranzen geringer als notwendig und durchführbar zu wählen. Das Papier und ähnliches Material verhindert infolge seiner Eigenart als Faserfilz die Einhaltung minimaler Toleranzen, selbst wenn die Maschinen absolut genau arbeiten würden. Es wäre deshalb falsch, von den Maschinen eine größere Genauigkeit zu verlangen, als es unter Berücksichtigung der bei der Papierverarbeitung durch das Material gezogenen Grenzen wirtschaftlich und notwendig wäre. Größere Genauigkeit als bisher würde höhere Preise der Maschinen bedingen und die deutschen Papierverarbeitungsmaschinen im Inlande und auf dem Weltmarkt unnötig verteuern.

Was die übrigen, oben erwähnten Punkte betrifft, so bedürfen sie der ihnen vor und bei der Typung gebührenden Klärung, die außerhalb des Rahmens dieser Arbeit liegt.

Bei Kritik der Faktoren, die die große Anzahl von Maschinentypen hervorrufen, ist das Gebiet der *Normung* bereits berührt. War es das Bestreben, durch Kritik und Hinweise die zahlreichen Aufgaben, die zu vielen Typen führen, zu vermindern, so sollen im Anschluß einige Gesichtspunkte für Festlegung von Normen für die Papierverarbeitungsmaschinen selbst betont werden. Daß die deutschen Industrienormen zugrundegelegt werden, ist selbstverständlich, darüber hinaus gilt es, *Fachnormen* und nach Bedarf *Werknormen* zu schaffen. Ein Beispiel für Typung und Normung von Schneidemaschinen wurde im III. Teil angeführt. Als Fachnormen eignen sich z. B. auch Normen über Schneidemaschinenmesser.

WEGE ZU WEITERER VEREINHEITLICHUNG

Normung der Schneidmesser

Vorschlag eines Herstellers (einer Messerfabrik)

1. Bei bestimmter Breite nur eine Messerstärke verwenden.

2. Messerlängen auf volle Hunderte von Millimetern beschränken.

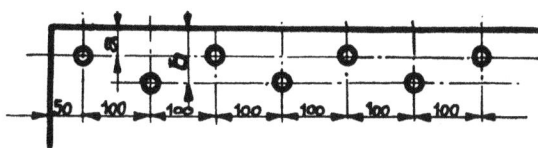

3. Endabstand des ersten und letzten Loches bei allen Messern 50 mm machen.

4. Abstände der Löcher vom Rücken a und b bei allen Messergrößen gleich machen, möglichst $a = b$ nehmen.

5. Abstand der Löcher unter sich stets 100 mm machen.

6. In sämtliche Messer entweder Gewindeloch oder nur versenktes Loch.

7. Schrauben nur eine Stärke und Länge verwenden.

Kritik eines Verbrauchers (einer Maschinenfabrik)

Für jede Messerbreite 2 Messerstärken in einfacher und verstärkter Ausführung notwendig, z. B. 135 × 9, 135 × 11, 145 × 10, 145 × 12.

Jede beliebige Messerlänge notwendig, da jede unnötige Vergrößerung des Messers die Maschine verbreitert und das Messer und die Schleifkosten verteuert.

Da die Messerlängen nicht auf Hunderte von Millimetern abgerundet werden können, ist dies nicht möglich.

Der erste Vorschlag ist durchführbar, der zweite, also $a = b$ machen, nicht, denn darunter leidet die gute Befestigung der Messer und beeinträchtigt den guten Schnittausfall.

Läßt sich durchführen.

Ist bereits durchgeführt, es gibt nur noch Gewindelöcher (für neue Maschinen).

Nicht durchführbar, infolge der großen Differenz der auftretenden Kräfte bei kleinen leichten und großen schweren Maschinen. Schlage vor, nur bestimmte Stärken und Längen zu verwenden, die noch festzulegen wären.

Vorschläge einer Maschinenfabrik

vor der Normung

1. *Toleranzen:* Bisher keine vorhanden, Messer wurden nach Gewicht verkauft.

2. *Gütevorschriften:* Bisher nicht festgelegt.

3. *Face und Schneidwinkel:* Facenlänge war bisher ca. 3fache Messerstärke.

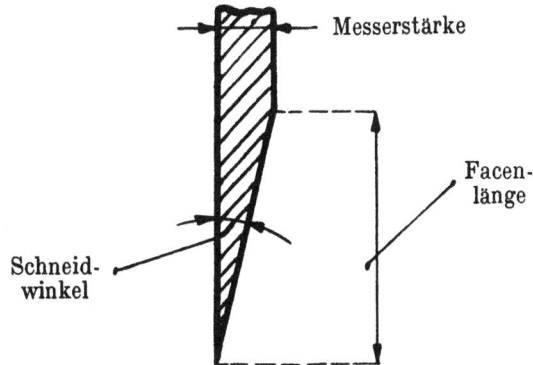

nach der Normung

Stärkentoleranz (minus), Längentoleranz (z. B. 2 mm plus und minus).

Sind festgelegt.

Nicht mehr Messerface angeben, sondern für normale Verhältnisse einen bestimmten Schneidwinkel, z. B. 17 Grad. Für besondere Materialien wären durch Versuche die entsprechend notwendigen Schneidwinkel festzulegen. — Dafür Messerlehren, z. B. nach Skizze:

WEGE ZU WEITERER VEREINHEITLICHUNG

Anregungen bei Aufstellung von Fachnormen oder Werknormen gibt die Maschinenkartei. Werden die Karten sinngemäß ausgefüllt, so sind z. B. aus der Spalte „Wichtige Zahlenangaben" viele Hinweise für Aufstellung von Normen zu entnehmen, z. B. bei Kniehebelpressen Preßfläche (Format), Preßdruck (Gesamtdruckkraft, Druckkraft pro Quadratzentimeter), Hub (in mm), Hubhöhe einfach, zweifach, dreifach, Durchgang zwischen Säulen (cm), Anzahl der Säulen, 2 oder 4 usw.

Auch aus genormten Kostenanschlägen, (III. Teil), läßt sich Material schöpfen, das zeigt, wo und was genormt werden kann. Es muß den Fachkreisen und einzelnen Werken die Aufstellung von Fachnormen bzw. Werknormen, überlassen bleiben. Bei gutem Willen ist der Erfolg bestimmt zu erwarten.

Erst klären, dann typisieren und normen! Deshalb wurden viele der Klärung dienende Unterlagen aus der Praxis angeführt. Als zweiten Satz kann man aufstellen: Je besser die Klärung, desto erfolgreicher die Typung und Normung!

War es das Bestreben, durch Überlegungen Richtlinien dafür zu geben, wie eine Zentralstelle den Weg der Vereinheitlichung in der Papiermaschinenindustrie beschreiten könnte, so sollen jetzt *praktische Fälle* untersucht werden, in denen entweder ein größerer Kreis gemeinsam vorgeht, oder nur einzelne Werke sich zu selbständigen Arbeiten nach dieser Richtung hin entschließen, falls sich eine größere Zahl Unternehmungen hierzu nicht bereitfindet.

Es wurde absichtlich von „weiterer Spezialisierung" gesprochen, denn die Mehrzahl der Firmen hat sich zum Bau von Spezialmaschinen, den Papiermaschinen, entschlossen und nur wenige bauen außerdem Maschinen, die nicht Papiermaschinen sind. Auch innerhalb der Papiermaschinenindustrie ist eine Spezialisierung erfolgt, indem es keine Firma unternommen hat, sich dem Bau sämtlicher Maschinen dieses Zweiges zu widmen. Trotzdem ist bei einzelnen Werken die Möglichkeit vorhanden, ihr Gebiet noch enger zu fassen, also sich noch weiter zu spezialisieren, um sich die Vorteile weiterer Vereinheitlichung zunutze zu machen.

Die einzelnen Gebiete innerhalb der Papiermaschinenindustrie können verschieden gewählt werden. Es können hier nur Gesichtspunkte angeführt werden, die für die Wahl der Gebiete, bzw. für die Aufstellung des Bauprogramms maßgebend oder entscheidend sein können. Es liegt im Wesen der Vereinheitlichung, insbesondere der Spezialisierung, daß jeglicher Zwang und jegliche Bevormundung vermieden werden muß. Positive Vorschläge für Bauprogramme könnten falsch aufgefaßt werden und sollen aus diesem Grunde

WEGE ZU WEITERER VEREINHEITLICHUNG

hier nicht aufgeführt werden. Außerdem liegen die Verhältnisse bei den einzelnen Werken sehr verschieden, so daß es einem Fernstehenden ohne Prüfung und eingehende Fühlungnahme mit der betreffenden Maschinenfabrik nicht möglich wäre, gute positive Vorschläge für die Wahl der Gebiete bzw. für die Aufstellung der Bauprogramme zu machen.

Für die Wahl der Gebiete und Aufstellung des Bauprogramms kann die Gliederung der Papiermaschinen nach folgenden Gesichtspunkten geschehen:

I. *Nach Abnehmerkreisen:*

Hier gibt es

1. Maschinen, die ausschließlich einem Gewerbe, bzw. der Herstellung eines Erzeugnisses dienen,
2. Maschinen, die vorzugsweise einem Gewerbe, bzw. der Herstellung eines Erzeugnisses dienen,
3. Maschinen, die sehr vielen Gewerben, bzw. der Herstellung vieler Erzeugnisse dienen.

Diese Gliederung entspricht in vielen Fällen bisherigen Gewohnheiten und kaufmännischem Empfinden. Kann für Gruppe 1, auch Gruppe 2 oft empfehlenswert sein.

II. *Nach Arbeitsvorgang:*

Schematische Gliederung nach Arbeitsvorgängen ist unzweckmäßig. Dadurch würden z. B. Satinierkalander (zum Glätten) von den Gaufrier- und Grainierkalandern (zum Prägen) getrennt werden. Auch macht die Einteilung der zusammengefaßten Arbeitsvorgänge (z. B. Schneiden und Rillen gleichzeitig auf einer Maschine) Schwierigkeiten bei der Gliederung, da es Grenzfälle sind.

Sinngemäße Gliederung nach Arbeitsvorgang, z. B. Schneiden, ist oft zweckmäßig, insbesondere bei den Maschinen, die nur einem Arbeitsvorgang dienen. Maschinen, bei denen ein Arbeitsvorgang der wesentliche ist und auf denen andere Arbeitsvorgänge auch vorgenommen werden können, z. B. durch Änderung der Werkzeuge, durch Zutaten usw., ohne daß jedoch die Maschine als solche ihre Eigenart verliert und ohne daß der Aufbau der Maschine ein wesentlich anderer wird, können hier eingereiht werden, doch wird man oft zu prüfen haben, ob sie nicht besser und zur Vermeidung einer gekünstelten Gliederung bei Gruppe III (nach Aufbau) einzureihen sind. Man kann einen Teil von Maschinen, die kombinierte sind, also solche, die mehreren Arbeitsvorgängen dienen, sinngemäß entsprechend ihrem wesentlichen Arbeitsvorgang einreihen oder sie in der Gruppe III aufnehmen.

WEGE ZU WEITERER VEREINHEITLICHUNG

Die übrigen kombinierten Maschinen, die meist zu Spezialmaschinen sich herausentwickelt haben, mit einer auf Grund der besonderen Aufgabe bedingten anders gearteten Lösung, die ihren Ausdruck in besonderem Aufbau gefunden hat, sind entweder dort in besonderen Gruppen aufzuführen, oder, da diese Maschinen erfahrungsgemäß hauptsächlich Spezialzwecken dienen und meist mehr den Maschinen entsprechen, die in I., 1. und 2. aufgeführt sind und für die eine Gliederung nach Gewerben, bzw. Erzeugnissen zweckmäßig sein kann, an dieser Stelle.

Die nach Arbeitsvorgängen gegliederten Maschinen sollten, soweit es möglich ist, in sich weiter unterteilt werden, um die Gliederung so klar wie möglich durchzuführen. Bei dieser Unterteilung ist der durch die prinzipiellen Lösungen, z. B. der Aufgabe „Schneiden", bedingte Aufbau der Maschinen zu berücksichtigen. Die sinngemäße Gliederung nach Arbeitsvorgang ist zumal bei vielseitigen, meist nicht nur in einem Gewerbe verwendbaren Maschinen zweckmäßig.

III. *Nach Aufbau*, z. B. nach Walzwerken, Pressen und ihren Untergruppen:
So können z. B. auch ein Teil Universalstanzmaschinen, Biegemaschinen, Perforiermaschinen eine Gruppe bilden, da sie gleichen Aufbau haben.

Für manche Maschinen ist diese Gliederung wünschenswert, jedoch nicht bei komplizierten Halbautomaten oder Automaten, die Spezialzwecken dienen, und nicht bei Spezialmaschinen.

IV. *Nach Anlagen:*
In manchen Fällen ist dies unbedingt erwünscht, z. B. bei Anlagen zur Herstellung technischer Papiere (Papierveredlung), bei Anlagen zur Herstellung von Massenpackungen usw. Die Gründe sind in der einschlägigen Literatur erschöpfend behandelt.

Gliederung aller Maschinen nach nur einer der obigen vier Möglichkeiten ist aus praktischen Gründen nicht empfehlenswert und wäre gezwungen. Was die Papierverarbeitungsmaschinen im besonderen betrifft, so hat auch der Papierverarbeitungs-Maschinen-Verband dies nicht getan, wie aus dem Verzeichnis der Gruppen I bis VI und der Zwischengruppe hervorgeht.

Die Gruppeneinteilung des Papierverarbeitungs-Maschinen-Verbandes hat sich für seine Zwecke bewährt. Einer besonderen Arbeit, deren Wiedergabe hier ihres Umfanges wegen unterbleiben und die erst durch Besprechungen der beteiligten Werke Klärung und Anerkennung finden muß, bleibt die Überarbeitung der PMV-Einteilung und der Vorschlag einer für weitere Spezialisierung besonders aufgestellten Gliederung vorbehalten. Dabei wären die in obigen Punkten I bis IV gemachten Überlegun-

WEGE ZU WEITERER VEREINHEITLICHUNG

gen besonders zu berücksichtigen. Es sollten dann nur vereinheitlichte Maschinenbezeichnungen aufgeführt werden. Das gleiche gilt für die übrigen Papiermaschinen. Eine solche Übersicht würde die *größtmögliche Arbeitsteilung* (Spezialisierung) klären.

Die Papiermaschinen sind keine Massenartikel, sie können aber doch zum Teil in großen Mengen abgesetzt werden. Es wäre vielleicht möglich, daß kleine Fabriken sich auf den Bau einer Type beschränken und daß sie darin Beschäftigung und Absatz finden können, mittlere und große Werke würden indes nicht mit dem Bau einer Type, welche sie auch sei, ausreichende Beschäftigung finden.

Deshalb sollen im folgenden die Gesichtspunkte festgestellt werden, nach denen *Arbeitsverbindung* (Kombination) stattfinden kann, als Vorarbeit zur Festsetzung sinngemäß abgerundeter Gebiete bzw. Bauprogramme.

Die teilweise noch vorhandene oder früher vorhandene Vielseitigkeit im Bauprogramm der einzelnen Werke entstand dadurch, daß diese auf Drängen der kaufmännischen Abteilungen für einen oder mehrere Abnehmerkreise *alles* liefern sollten. Dieser Fehler ist so weit wie irgend möglich zu vermeiden.

Einen Teil oder sämtliche für einen Abnehmerkreis notwendige Spezialmaschinen in einem Bauprogramm zusammenzufassen, kann nach wie vor richtig sein, auch kann man mehrere Größen und Ausführungsarten einer Maschine dieser Gruppe verteilen oder zusammenfassen. Die Wahl von mehreren Maschinen, die sinngemäß zu Gruppe I, nach Abnehmern gegliedert, gehören, ist somit richtig. Sämtliche Maschinen für einen Abnehmerkreis zu bauen, ist falsch, da man anderen Werken, die vielseitig verwendbare Maschinen bauen, die auch für den betreffenden Abnehmerkreis Verwendung finden können, diese Maschinen überlassen sollte.

Bei solchen Maschinen, die für viele Erzeugnisse einen oder mehrere Arbeitsvorgänge verrichten und die sinngemäß auf Grund des Arbeitsvorganges in Gruppen und Untergruppen gegliedert werden, kann man von folgenden Gesichtspunkten ausgehen:

a) Man kann von einem Arbeitsvorgang, z. B. Schneiden, der in sinngemäßer Gliederung nach prinzipiellen Lösungen unterteilt ist, eine oder mehrere oder sämtliche Untergruppen wählen,

b) dazu evtl. ein oder mehrere ergänzende Arbeitsvorgänge, z. B. Stanzen (davon evtl. auch nur eine oder mehrere Untergruppen, z. B. Stanzen mit Stanzeisen gegen Unterlage),

c) bei kombinierten (zusammenfaßbaren) Arbeitsvorgängen, außer dem wesentlichsten (z. B. Kleben), einen Teil oder sämtliche Arbeitsvorgänge, z. B. in der Klebetechnik vorkommende, die mit diesem zusammengefaßt werden können.

Auch in obigen Fällen (a, b, c) kann eine Teilung nach Ausführungsarten, nach (z. B. leichter und schwerer) Bauart und nach Größen innerhalb der einzelnen Maschinen oder eine Zusammenfassung in dieser Art stattfinden.

Der Aufbau darf nicht unberücksichtigt bleiben, wie überhaupt ein enger Zusammenhang zwischen Punkt 2 (Ausgangspunkt: Arbeitsvorgang) und Punkt 3 (Ausgangspunkt: Aufbau) besteht.

Wahl der Gebiete auf Grund des *Aufbaues* der Maschinen kann z. B. bei Walzwerken, Pressen und ähnlichen Maschinen sehr richtig sein und entspricht zum Teil bisherigen Gepflogenheiten.

Aus kaufmännischen sowie technischen Gründen empfiehlt es sich, „Anlagen" komplett zu liefern. Die vielseitig verwendbaren Maschinen jedoch, die zur Komplettierung der eigentlichen Anlage gehören und ohne Bedenken nicht im gleichen Werke wie die Anlage gebaut werden müssen, sollten anderen, diese Maschinen bauenden Werken überlassen bleiben.

Selbstverständlich können Gründe vorliegen, die *Abweichungen* von den hier aufgestellten Regeln bedingen, insbesondere eine Verschmelzung der Gebiete, und nicht starres Einhalten obiger Gesichtspunkte rechtfertigen. Zu diesen Gründen gehört auch das Zugeständnis, daß bei „Erfindungen" dem Erfinder freie Bahn gebührt.

Dafür, daß nach wie vor im Interesse des Fortschrittes eine gewisse Beweglichkeit und Handlungsfreiheit gewahrt bleibt, müssen Vorkehrungen getroffen werden wie sie im Beschluß des PMV über das Nachbauverbot vorgesehen sind:

> Nachbau von Papierverarbeitungs-Maschinen und -Apparaten eines Mitgliedes des PMV seitens eines anderen Mitgliedes des PMV ist verboten. Durch Gesamtverzeichnis des PMV sind jedem Mitglied alle die Maschinen festgelegt, die dem einzelnen vor Nachbau geschützt sind. Der Schutz erstreckt sich auf alle Maschinenarten, die ein jeder vor dem 1. Oktober 1921 gebaut hat.

Die Aufnahme mit Schutzrecht für das Mitglied erfolgt nach Nachweis, daß das betreffende Mitglied die technischen Vorbereitungen für die fragliche Maschine zum Bau innerhalb der Zeit vom 1. Januar 1913 bis 1. Oktober 1921 getroffen hat.

Ein Nachbau liegt nicht vor, falls durch Änderung einer Maschine ein wesentlicher technischer oder wirtschaftlicher Fortschritt damit verbunden

WEGE ZU WEITERER VEREINHEITLICHUNG

ist, bzw. erreicht wird. Abänderung — durch Patent geschützt — gilt keinesfalls als Nachbau.

In Streitfällen entscheidet ein Ausschuß in besonderer Zusammensetzung, der nach Verhandlungen mit den in Betracht kommenden Firmen aus Billigkeitsgründen Ausnahmen zu gestatten hat, darüber, ob ein Nachbau vorliegt.

Hiernach ist frei der Bau

a) von Maschinen, die die betreffende Firma bisher, wenn auch schon vor langer Zeit in dieser Ausführungsart gebaut hat,

b) aller Maschinen, die nicht Papierverarbeitungsmaschinen sind,

c) von Papierverarbeitungsmaschinen, die nach dem Gesamtmaschinenverzeichnis nicht von Verbandsmitgliedern gebaut werden,

d) von Maschinen, die zwar von Verbandsmitgliedern gebaut werden, aber einen wesentlichen technischen oder wirtschaftlichen Fortschritt bieten,

e) neu erfundene Maschinen,

f) wenn der Ausschuß, obwohl ein Nachbau vorliegen würde, eine Ausnahme gestattet.

Bei *Aufstellung des Bauprogramms* wird man vor allen Dingen beachten, daß die Fabrikationseinrichtungen für die gewählten Maschinen passen müssen und daß die Belegschaft möglichst eingearbeitet ist oder sich umstellen läßt. Und schon deshalb, weil auf dem bisherigen Gebiete Zeichnungen, Modelle, Vorrichtungen, Werbematerial und besondere Erfahrungen und Kenntnisse des Marktes vorhanden sind und die Absatzmöglichkeit bekannt ist, empfiehlt es sich, aus dem bisherigen Bauprogramm auszuwählen.

Ebenso wie bei der Normung der Papierformate eine Vorzugsreihe A geschaffen wurde, jedoch weitere Reihen vorgesehen sind, die bei Bedarf herangezogen werden können, während man alle übrigen Formate ausschaltete, sollte man bei Aufstellung des Bauprogramms bevorzugte Typen festlegen, zur Ergänzung und nur bei Bedarf zu bauende gleichfalls, jedoch nicht notwendige Typen vom Bauprogramm streichen. Diese Art, wie sie im III. Teil dargelegt wurde, hat sich in der Praxis bewährt.

Nachdem in obigen Ausführungen die Gesichtspunkte, die bei Auswahl eines Bauprogramms maßgebend sind, besprochen wurden, ist darauf hinzuweisen, daß besonders ausschlaggebend für die Auswahl des Bauprogramms und das Weglassen von Gebieten, bzw. Typen, der Umstand für den einzelnen ist, ob sich ein größerer Kreis, und zwar welche Werke zur Spezialisierung zusammenfinden oder ob einzelne Werke selbständig vorgehen müssen, weil sich ein größerer Kreis nicht finden läßt.

WEGE ZU WEITERER VEREINHEITLICHUNG

Annahme:

1. Es schließen sich Werke zusammen, die auf Grund ihrer bisherigen Fertigungspläne oder durch Abrunden und Weglassen bei Überdeckungen „alles" für die Papierindustrie liefern können, ohne daß sie dann noch in Wettbewerb treten. Die Überlegungen, die diese Werke anzustellen haben, sind zum großen Teil zu Beginn des IV. Teiles behandelt.

    Im einzelnen damit zusammenhängende sonstige Fragen irgendwelcher Art bleiben der Vereinbarung der beteiligten Werke überlassen und sind wesentlich davon abhängig, ob die bisher vorhandene Selbständigkeit der einzelnen Werke voll erhalten bleiben soll, ob ein Zusammenschluß stattfindet, unter welchen Bedingungen und mit welchen Abmachungen der Zusammenschluß erfolgt. Auf die Fachliteratur über diese Fragen sei hingewiesen.

2. Der Kreis ist so zusammengesetzt, daß auch Werke, die gleiche Maschinen bauen und weiterhin bauen wollen, trotzdem zusammentreten, mögen sie alles für die Papierindustrie bauen oder nicht. Dann läßt sich immerhin mehr oder weniger erreichen, daß auf Grund der Vereinbarungen weiter spezialisiert und der Wettbewerb verringert wird, und daß auf den Gebieten, wo ein Wettbewerb bestehen bleibt, besondere Vereinbarungen getroffen werden, die z. B. die verschiedenen Größen der Typen betreffen.

Kommt eine weitere Spezialisierung innerhalb eines Kreises von Maschinenfabriken ernstlich in Frage, so lohnt es sich zunächst festzustellen:

1. Welche und wieviel verschiedene Maschinenarten, Typen, Ausführungen und Größen von jedem Werk gebaut und insgesamt gebaut werden.
2. Wo weitere Spezialisierung nicht nötig ist.
3. Wo weitere Spezialisierung erwünscht ist.
4. Welche Maschinenarten bisher zusammengefaßt wurden.

Man sieht aus einer solchen Zusammenstellung, daß es nicht nötig ist, unbedingt „alles" für die einzelnen Abnehmerkreise zu bauen. Auch sind die Maschinen zu ersehen, die von den einzelnen Werken schon jetzt gebaut werden, ohne daß diese auch zugleich sämtliche Maschinen der übrigen Untergruppen einer Gruppe, bzw. eines Gebietes herstellen. Es ist beispielsweise zu entnehmen, daß jemand, der Schnellschneidemaschinen, die mit einem Messer arbeiten, baut, nicht unbedingt auch Dreimesserschnellschneider bauen muß.

Sollte sich ein größerer Kreis nicht entscheiden können, gemeinsam vorzugehen, dann können einzelne Werke selbständig handeln, wofür im IV. Kapitel ein Beispiel angeführt wurde.

WEGE ZU WEITERER VEREINHEITLICHUNG

Es bleibt nur kurz zu betrachten übrig, wie der Entschluß zu weiterer Spezialisierung erleichtert werden kann. Wollen Werke weiter spezialisieren, d. h. auf Gebiete, bzw. Typen verzichten, so weiß zwar jedes Werk auf Grund seiner Statistik, auf wieviel Produktion innerhalb des aufgegebenen Gebietes es verzichtet, aber nicht, wieviel Produktion durch entsprechende Maßnahmen der anderen frei wird. Deshalb empfiehlt es sich, daß diese Angaben die Werke sich gegenseitig bekanntgeben. Wollen sie dies aus zum Teil begreiflichen Gründen nicht tun, so könnte jedes Werk die Angaben einer neutralen Persönlichkeit vertraulich geben, die nur den Wert der Gesamtproduktion feststellt und den einzelnen Werken bekannt gibt. Jedes Unternehmen kennt den Wert seiner Produktion in den einzelnen Maschinenarten, bzw. Typen und kann sich dann die Gesamt-Produktion der anderen Werke in den einzelnen Typen errechnen.

Manches Unternehmen würde oft sehen, wie verschwindend gering sein Anteil an der Gesamtproduktion in den einzelnen Maschinenarten und Typen ist, eine Erkenntnis, die häufig einen freiwilligen Verzicht herbeiführen würde.

V. TEIL / VERSTÄNDIGUNG IM DEUTSCHEN MASCHINENBAU

VERSTÄNDIGUNG IM DEUTSCHEN MASCHINENBAU

Bei der kritischen Betrachtung des Sondergebietes Papiermaschinen ergab sich nicht nur der Wunsch, sondern die Notwendigkeit, dieses Sondergebiet im Rahmen des gesamten deutschen Maschinenbaues, in dem es eine Gruppe darstellt, zu untersuchen. Zunächst galt es, den Begriff Papiermaschinen klar zu erfassen, sie zu gliedern und auszuscheiden aus den vielen übrigen Maschinen, deren Herstellung sich der deutsche Maschinenbau zur Aufgabe gemacht hat.

Soll eine solche Gliederung die Zustimmung der beteiligten Kreise finden, so ist eine allgemeine *Verständigung* darüber nötig. In vorliegender Arbeit wurden, und zwar mit voller Absicht, weiterhin als Maschinen für die Papierindustrie und das graphische Gewerbe die Maschinen angesehen und untersucht, die nach der zurzeit geltenden Einteilung des Vereins Deutscher Maschinenbau-Anstalten als Papiermaschinen anzusprechen sind. Es wurde jedoch mehrfach darauf hingewiesen, daß ebenso, wie innerhalb der Papiermaschinen strittige Grenzgebiete bestehen und außerdem einzelne Maschinenarten nicht nur einer Untergruppe, sondern mehreren angehören, dies bei der jetzigen Einordnung aller Maschinen im Gliederungsplan des Vereins Deutscher Maschinenbau-Anstalten der Fall ist. Auch hier zeigt sich, daß bisherigen allgemeinen Gepflogenheiten entsprechend für die Zusammenfassung der einzelnen Maschinenarten zu einer Gruppe häufig bestimmend waren die Abnehmerkreise oder Industrien, für die der deutsche Maschinenbau die erforderlichen Maschinen herstellt, eine Gliederung, die, wie bereits bei den Papiermaschinengruppen hervorgehoben, nicht immer empfehlenswert ist.

Es liegt der Gedanke nahe, anzunehmen, daß eine von der bisherigen abweichende Gliederung, wie sie der Verfasser in diesem Buche angeregt hat, eine unnötige Aufgabe bedeutet, die vielleicht theoretischen, jedoch keinen praktischen Wert hätte. Aber, um es nochmals zu betonen, erscheint eine solche Gliederung durchaus zweckmäßig, denn es bestehen so weitverzweigte Wechselbeziehungen und Analogien innerhalb des deutschen Maschinenbaues, die man deutlich erkennen und denen man Rechnung tragen muß, sollen die Vorteile richtig angewandter Normung, Typung und Spezialisierung voll und ganz zur Auswirkung kommen.

Wenn man es für wünschenswert erachtet, unter Berücksichtigung aller dieser und sonstiger ausschlaggebender Gesichtspunkte die bisherige Gliederung im deutschen Maschinenbau zu überprüfen, so ist die Mitarbeit der be-

VERSTÄNDIGUNG IM DEUTSCHEN MASCHINENBAU

teiligten Kreise notwendig, nicht nur um eine Gruppierung vorzunehmen, die einwandfrei ist und die die erstrebte Klarheit bringt, sondern um bei dieser Gelegenheit die Grenzgebiete zu erkennen und zu betonen und um schließlich die Wechselbeziehungen und Verwandtschaften der einzelnen Maschinenindustrien zu unterstreichen. Bei sachgemäßem Vorgehen dürfte sich eine Verständigung über eine solche neue Gliederung und eine allseitige Anerkennung ermöglichen lassen.

Ebenso wie bei den Papiermaschinen die Untersuchungen über Vereinheitlichungen dazu führten, zunächst die vorhandene Gliederung und Begriffsbestimmung festzustellen, so gilt es vorerst, die bisherige Einteilung der übrigen Erzeugnisse des deutschen Maschinenbaus sich vor Augen zu führen und sie jeder weiteren Überlegung bei Neubearbeitung des Gliederungsplanes des Vereins deutscher Maschinenbauanstalten zugrunde zu legen. Die nachfolgende Gruppeneinteilung mag gleichzeitig einen Einblick in Umfang und Vielseitigkeit des deutschen Maschinenbaus geben.

Der im Verein Deutscher Maschinenbau-Anstalten (VDMA) zusammengeschlossene deutsche Maschinenbau gliedert sich zurzeit in 13 verschiedene Gruppen[1]). Innerhalb dieser Gruppeneinteilung sind nachfolgend verzeichnete Maschinen angeführt:

I. Werkzeugmaschinen und Maschinenwerkzeuge

1. Metallbearbeitungsmaschinen
2. Holzbearbeitungsmaschinen
3. Präzisions- und Meßwerkzeuge
4. Schleifmittel

II. Textilmaschinen
einschl. Textilmaschinenzubehör, Werkzeuge und Maschinennadeln

1. Spinnereimaschinen
2. Webereimaschinen
3. Textilveredelungsmaschinen
4. Bandwebstühle
5. Flecht- und Klöppelmaschinen
6. Strick- und Wirkmaschinen
7. Mechanische Stickmaschinen
8. Näh-, Kurbelstick- und Handstickmaschinen
9. Maschinen für gewerbliche Wäscherei
10. Gardinen-, Spitzen- und Tüllmaschinen
11. Zuschneide- und Musterschneidemaschinen, Plissee-, Toll- und Aufreibemaschinen.
12. Textilmaschinenzubehör und Teile (Kratzen, Spindeln, Webblätter, Litzen, Kämme, Webschützen)
13. Textilmaschinenwerkzeuge
14. Strickmaschinennadeln
15. Wirkmaschinennadeln

---

[1]) Nach Unterlagen des Vereins Deutscher Maschinenbau-Anstalten, Charlottenburg.

VERSTÄNDIGUNG IM DEUTSCHEN MASCHINENBAU

III. Landmaschinen und Geräte
einschließlich der zugehörigen Maschinenwerkzeuge

1. Bodenbearbeitungsmaschinen und Geräte
2. Heuwender, Heurechen, Schwadenrechen
3. Kartoffelkulturgeräte
4. Kleindreschmaschinen, Göpelwerke, Futterbereitungsmaschinen usw.
5. Dampfkraftpflüge
6. Getreidereinigungs- und Sortiermaschinen mit Ausschluß der Trieure
7. Viehfutterdämpfer
8. Fahrbare Dampflokomobilen, Windmotoren, Dampf- und Motordreschmaschinen
9. Drill- und Sämaschinen, Hackmaschinen
10. Motordreschmaschinen
11. Jauchedüngergeräte
12. Düngerstreumaschinen
13. Rübenschneider
14. Molkereimaschinen
15. Straßenzuglokomotiven, Dampfstraßenwalzen
16. Wein- und Obstpressen
17. Brennholzsägen
18. Motorpflüge
19. Milchentrahmungsmaschinen
20. Schrotmühlen
21. Mähmaschinen

IV. Lokomotiven

1. Dampflokomotiven
2. Elektrische Lokomotiven

V. Kraftmaschinen

1. Dampfkraftmaschinen mit Ausnahme von Schiffsmaschinen
2. Großgasmaschinen
3. Ortsfeste und fahrbare Verbrennungskraftmaschinen einschließlich Dieselmotore und deren Anwendung sowie Verbrennungslokomotiven, Verbrennungskraftlokomobilen und Verbrennungskraftmaschinen zum Antrieb von Schiffen
4. Wasserräder
5. Wasserturbinen
6. Servo-Motoren
7. Kombinierte Kraftmaschinen

VI. Arbeitsmaschinen

A. Pumpen

1. Kraftkolbenpumpen (Großpumpen)
2. Kraftkolbenpumpen (Kleinpumpen)
3. Handpumpen (einschl. Flügelpumpen)
4. Kreiselpumpen
5. Strahlpumpen
6. Feuerspritzen

B. Kompressationsmaschinen

1. Kolben- und rotierende Kompressoren, Vakuumpumpen, Gebläse, Gassauger
2. Ventilatoren und Anlagen
3. Eis- und Kältemaschinen
4. Druckluftlokomotiven
5. Preßluftwerkzeuge

VERSTÄNDIGUNG IM DEUTSCHEN MASCHINENBAU

6. Gesteinbohrmaschinen
7. Stangenschrämmaschinen
8. Rutschen und Rutschenmotoren
9. Glasindustriemaschinen

VII. Hütten-, Stahl- und Walzwerksanlagen und -Maschinen

1. Walzwerksanlagen
2. Kaltwalzwerke
3. Dampfhämmer
4. Hydraulische Maschinen
5. Stahl- und Hüttenwerkseinrichtungen

VIII. Mechanische Fördermittel
(Krane, Aufzüge, Hebezeuge usw. und Wagen)

A. Fördermittel

1. Aufzüge
2. Bagger
3. Rammen
4. Fernfördermittel (Drahtseilbahnen, Streckenförderungen, Rangieranlagen, Bremsberge)
5. Krane aller Art
6. Nahfördermittel (Elektrohängebahnen, Kabelkrane, Bandförderer, Becherwerke, Schaukel-, Kratzer-, Schnecken- und Rollenförderer, Förderrinnen)
7. Schiffswinden
8. Rohrpostanlagen

B. Wagen

7. Gleis-, Fuhrwerks- und Industriewagen
8. Brückenwagen
3. Automatische Ausschüttwagen und sonstige selbsttätige Balkenwagen
4. Tafelwagen
5. Federwagen
6. Präzisionswagen

IX. Maschinen für die Papierindustrie und für das graphische Gewerbe

A. Papierherstellungsmaschinen.

1. Maschinen zur Herstellung von Papier
2. ferner Metalltuchwebstühle und Drahtwebstühle

B. Papierverarbeitungsmaschinen.

1. Maschinen zur Verarbeitung von Papier

C. Druckmaschinen

1. Schnellpressen
2. Tiegeldruckpressen
3. Rotationsdruckmaschinen
4. Gummidruckmaschinen
5. Steindruckschnellpressen
6. Tiefdruckschnellpressen
7. Spezialmaschinen für Billettdruck
8. Bogenanleger für Schnellpressen
9. Maschinen für Flachstereotypie
10. Galvanoplastische und chemigraphische Maschinen
11. Hilfsmaschinen

VERSTÄNDIGUNG IM DEUTSCHEN MASCHINENBAU

X. Maschinen für die Nahrungs-, Genußmittel- und chemische Industrie.

1. Brauerei- und Mälzereianlagen
2. Maschinen und Apparate für die Kellerei und die Mineralwasserherstellung
3. Maschinen und Apparate für die Brennerei
4. Maschinen und Geräte für die Zuckergewinnung
5. Maschinen und Apparate für die Stärkegewinnung
6. Filterpressen
7. Müllerei, und Speicherei für Getreide, Reis und sonstige Hülsenfrüchte
8. Trieure
9. Mineralölverarbeitungsmaschinen
10. Fleischereimaschinen
11. Bäckerei- und Knetmaschinen
12. Haushaltungsmaschinen
13. Schlachthauseinrichtungsmaschinen
14. Maschinen zum Rösten von Kaffee, Kakao und Kaffee-Ersatz
15. Maschinen für die Margarine- und Kunstbutter-Industrie
16. Kakaogewinnungsmaschinen
17. Farbenherstellungsmaschinen
18. Seifen- und Kerzenherstellungsmaschinen
19. Knochen- und Kadaververarbeitungsmaschinen
20. Tabakmaschinen (einschl. Zigarren- und Zigaretten-Herstellungsmaschinen)
21. Paketier- und Banderoliermaschinen
22. Trockeneinrichtungen

XI. Zerkleinerungs- und Aufbereitungsmaschinen
Maschinen und Einrichtungen

1. zur Herstellung von Zement
2. a) für die Ziegel- und Tonindustrie
   b) für die Kunststein- und Zementwaren-Industrie
3. für die Porzellanindustrie und Feinkeramik
4. für die Kalksand-Industrie
5. für Kohle- und Koksaufbereitung
6. für Erzaufbereitung
7. für Schottergewinnung
8. für Torfgewinnung
9. für Aufbereitung und Brikettierung von Braunkohle
10. für Brikettierung von Holz, Eisenabfällen, Spänen usw.
11. zum Mischen von Beton und Mörtel
12. für die Müllerei und Speicherei der Ölfrüchte
13. für die Kautschuk-Industrie
14. Schleudermaschinen

XII. Verschiedenes
(auch in Verbänden zusammengeschlossen)

1. Geldschränke, Einmauerschränke und Tresoranlagen
2. Gerbereimaschinen
3. Gießereimaschinen
4. Holzriemenscheiben
5. Holzwaschmaschinen
6. Kassetten
7. Kugeln und Kugellager
8. Kühlanlagen

9. Materialprüfmaschinen
10. Optische Werkzeugmaschinen
11. Rohrleitungsanlagen
12. Schwere Gas-, Wasser- und Dampf-Armaturen in Eisen und Stahlguß
    Lokomotiv- und Schiffs-Armaturen
    Leichte Gas-, Wasser- und Dampf-Armaturen in Rotguß, Messing und Eisen
    Manometer, Thermometer, Pyrometer, Indikatoren, Zählapparate, Kohlensäure-Armaturen
    Autogen-Industrie (Erzeugungs- und Verbrauchsanlagen)
13. Schuhmaschinen
14. Transmissionen
15. Wäschemangeln

XIII. Verschiedenes
(nicht in Verbänden zusammengeschlossen)

1. Bettfedern-Reinigungsmaschinen
2. Bleibearbeitungsmaschinen
3. Bleistiftherstellungsmaschinen
4. Federwindenmaschinen
5. Häkel- und andere Posamentiermaschinen (einschl. Holzwollspinnmaschinen und Klaviersaitenbespinnmaschinen)
6. Holzverarbeitungsmaschinen
7. Kammherstellungsmaschinen
8. Kistennagelmaschinen
9. Knopfherstellungsmaschinen
10. Korkverarbeitungsmaschinen
11. Kupplungen
12. Lederverarbeitungsmaschinen (mit Ausnahme der Schuh- und Gerbereimaschinen)
13. Maschinen für die Bürsten- und Pinsel-Industrie
14. Maschinen für Drahtflechterei, Seilerei und Kabelherstellung
15. Maschinen für die Holzwollindustrie
16. Maschinen für die Schmuckwaren-Industrie
17. Metallriemenscheiben
18. Metallbearbeitungsmaschinen
19. Poliermaschinen für Spiegelglas
21. Sattlereimaschinen
22. Sprengstoff- und Pulverherstellungsmaschinen
23. Treibriemenmaschinen
24. Uhrmacher- und zahntechnische Maschinen
25. Verpackungsmaschinen
26. Vorrichtungen für Tief- und Schachtbohrungen
27. Zahnräder
28. Zellhornherstellungsmaschinen
29. Zündholzherstellungsmaschinen

Hält man die in der vorliegenden Arbeit angestellten Untersuchungen und daraus gezogenen Schlüsse für eine geeignete Basis zu weiteren Arbeiten auf dem Gebiete Papiermaschinen, so kann ein ähnliches Vorgehen, eine anschließende Verständigung und weitere Spezialisierung innerhalb der Maschinenindustrien Vorteile bringen, in denen die Verhältnisse ähnlich liegen wie in der Papiermaschinenindustrie. In Betracht kommen zumal solche Industrien,

VERSTÄNDIGUNG IM DEUTSCHEN MASCHINENBAU

deren Maschinen die *gleichen oder ähnlichen Werkstoffe* verarbeiten wie die Papiermaschinen. Das Verwendungsgebiet der Papiermaschinen greift, wie bereits erwähnt, weit über die eigentlichen Papier und Pappe verarbeitenden Gewerbe hinaus und umfaßt selbst solche Werkstoffe, die mit der Papierindustrie wenig oder gar nicht in Verbindung stehen. Um bei dem schon früher erwähnten Beispiel der Maschinenfabrik Karl Krause Leipzig zu bleiben, so finden die von diesem Werk gebauten Papierverarbeitungsmaschinen auch Verwendung in Betrieben, die folgende Materialien verarbeiten

Asbest	Hartgummi	Preßspan
Asbestschiefer	Holz	Pulver
Bänder	Holzspäne	Samt
Bleche	Horn	Seide
Dochte	Kaliko	Stakelfaser
Drahtgaze	Karton	Steinholz
Faserstoffe	Korkplatten	Stoffe
Filmplatten	Kunstleder	Stanniol
Filz	Leder	Tabak
Furniere	Leinen	Torf
Galalith	Linoleum	Tuch
Gelatine	Metallfolien	Vulkanfiber
Gewebe	Oblaten	Wachs
Glimmer	Papier	Wachstuch
Gummi	Papierwäsche	Watte
Guttapercha	Pappe	Zelluloid

Was von der Papiermaschinen-Industrie und den mit ihr in Wechselbeziehungen stehenden anderen Maschinenindustrien gesagt ist, gilt naturgemäß in übertragenem Sinne auch von einer großen Anzahl anderer Gruppen des deutschen Maschinenbaus.

Verständigung und Spezialisierung ist ferner wünschenswert innerhalb verschiedener Maschinenindustrien, deren Maschinen *gleichen Arbeitsvorgängen* dienen wie die Papiermaschinen, die z. B. prägen, pressen, stanzen. Gerade in dieser Hinsicht wäre auf Verständigung nach vorhergegangener Klärung des eigenen und der fremden Gebiete besonderer Wert zu legen. Dann erst kann die Vereinheitlichung innerhalb des deutschen Maschinenbaues in weitumfassender Weise erfolgen, wenn, was Vereinheitlichungen betrifft, Gruppen und Grenzen innerhalb des deutschen Maschinenbaues nicht anerkannt werden, soweit sie einschränkend wirken. Das Gesagte gilt schließlich für Industrien, die Maschinen herstellen, die *gleichen oder ähnlichen Aufbau* haben, wie dies ja auch bereits des öfteren geschieht, wenn z. B. ein Werk zugleich Papierkalander und Kalander für die Textilindustrie baut.

In gleicher Weise wie durch eine klare Gliederung im Maschinenbau durch Festlegung der Grenzgebiete und eindeutige Zuteilung bisher mehreren Gruppen zugehöriger Maschinen der Weg für weitere Spezialisierung und Typung geebnet wird, ebenso wird der Normung dadurch gedient, wenn die Klärung soweit wie möglich oder erforderlich in jeder Hinsicht erfolgt, insbesondere was außer den allgemeinen Normen die Fachnormen und nach Bedarf die Werknormen betrifft. Die Bedeutung der oben skizzierten Maßnahmen für die Normung soll an dieser Stelle nur unterstrichen werden, Maßnahmen, die dazu beitragen können, den bisher so erfolgreich für die Normung tätigen Stellen weitere Unterlagen zu vermitteln.

Der Normenausschuß der deutschen Industrie, der Ausschuß für wirtschaftliche Fertigung, der Verein Deutscher Maschinenbau-Anstalten, die Fachverbände, auch jeder einzelne, der auf verantwortlichem Posten steht oder der von der Wichtigkeit aller Vereinheitlichungsbestrebungen überzeugt ist, sind die Organe, deren Mitarbeit an diesen Zielen nicht nur wünschenswert, sondern notwendig ist, wenn der Endzweck erreicht werden soll.

ANHANG

WERKSTOFF-VERZEICHNIS

I.
Werkstoffe.

Auf verschiedenen Papiermaschinen, insbesondere auf vielen Papierverarbeitungsmaschinen, werden außer Papier, Karton und Pappe eine Reihe anderer Werkstoffe verarbeitet. Angeführt sind im folgenden Werkstoffe aus Unterlagen einer Maschinenfabrik, die Papierverarbeitungsmaschinen herstellt.

Asbest	Hartgummi	Preßspan
Asbestschiefer	Holz	Pulver
Bänder	Holzspäne	Samt
Bleche, ganz dünn	Horn	Seide
Dochte	Kaliko	Stapelfaser
Drahtgaze	Karton	Steinholz
Faserstoffe	Korkplatten	Stoffe
Filmplatten	Kunstleder	Stanniol
Filz	Leder	Tabak
Furniere	Leinen	Torf
Galalith	Linoleum	Tuch
Gelatine	Metallfolien	Vulkanfiber
Gewebe	Oblaten	Wachs
Glimmmer	Papier jeder Art	Wachstuch
Gummi	Papierwäsche	Watte
Guttapercha	Pappe	Zelluloid

ARBEITSVORGÄNGE IM PAPIERFACH

II.
Arbeitsvorgänge.

Die in der Papierindustrie und im graphischen Gewerbe vorkommenden Arbeitsvorgänge sind sehr mannigfaltig. Außer den hier nicht aufgeführten Arbeitsvorgängen der Herstellung des Papiers und der Druckverfahren sind die nachfolgenden zu nennen. Eine Vereinheitlichung der Fachausdrücke ist erwünscht.

Fachausdrücke:

Abkehren
Abpacken
Abpressen
Abreiben
Abrunden
Abschärfen
Abschneiden
Abschrägen
Abstauben
Abstechen
Abziehen
Andrücken
Anfeuchten
Anhängen
Anlegen
Anleimen
Anpressen
Anreiben
Anschlagen
Anschmieren
Anstiften
Aufhängen
Aufnadeln
Aufrollen
Aufschneiden
Aufstreichen
Auftragen
Ausstanzen
Ausstoßen

Banderolieren
Befestigen
Bekleben
Belichten
Beschneiden
Bestoßen
Biegen

Blinddrucken
Blindlinieren
Bohren
Bordieren
Brechen
Brennen (von Zargen)
Bronzieren
Bürsten

Chagrinieren

Diagonalschneiden
Drucken
Drücken

Einbrennen
Einfassen
Einhängen
Einkleben
Einpacken
Einprägen
Einreiben
Einschlagen
Einschneiden
Einsetzen
Einwickeln
Einziehen
Entwerten
Etikettieren

Falten
Falzen
Färben
Feuchten
Filigrainieren
Filtrieren

Flachheften
Fräsen
Füttern

Gaufrieren
Gießen
Glätten
Grainieren
Grundieren
Gummieren

Heften
Hobeln
Holländern

Imprägnieren
Ingrainieren

Kaschieren
Kleben
Kneten
Knoten
Körnen
Kreppen

Lackieren
Längsschneiden
Linieren
Lochen

Marmorieren
Maserieren
Messen
Mischen

Nachleimen
Nageln

Niederdrücken
Nieten
Numerieren
Nuten

Ösen
Ovalschneiden

Packen
Paginieren
Paketieren
Perforieren
Planschneiden
Polieren
Prägen
Pressen
Pudern

Querheften

Rändeln
Reiben
Riffeln
Rillen
Ritzen
Rollenschneiden
Rühren
Runden
Rundschneiden
Rundstoßen

Sägen
Satinieren
Sicken
Sieben
Spannen
Spritzen

Schleifen
Schließen
Schlitzen
Schneiden
Schnüren
Schrägen
Schrägschneiden
Stanzen
Stauchen
Stechen
Stempeln
Stiften
Streichen
Streuen

Talkumieren
Trocknen

Überziehen
Umbiegen
Umdrucken
Ummänteln
Umrollen

Verbinden
Vergolden
Vernichten
Verpacken
Vulkanisieren

Waschen
Wickeln
Wiegen

Ziehen
Zusammentragen
Zuschneiden

ARBEITSVORGANG SCHNEIDEN

III.
Gliederung eines Arbeitsvorganges.

Das nachfolgende Beispiel ist den Unterlagen eines Werkes entnommen, das Schneidemaschinen herstellt.

Hauptgruppe: Formgebung durch schneidende Werkzeuge.
Gruppe: Schneiden.
Untergruppe: Schneiden gegen Schneidunterlage.

Vorkommende Schneidarbeiten
(auf den folgenden Seiten werden diese schematisch erläutert):

I. *Auf Hebel-, Räder- und Schnell-Schneidemaschinen mit Spindeltisch.*
  1. Allseitig Beschneiden auf ein bestimmtes Maß.
  2. Einfachteilen (Abtrennen).
  3. Mehrfachteilen durch Parallelschnitte.
  4. Mehrfachteilen durch Parallel- und Querschnitte mit allseitig glatt geschnittenen Kanten.
  5. Eckenabschneiden.
  6. Streifen schräg schneiden.
  7. Beschneiden von gehefteten und gebundenen Lagen (gefalztes Material).

II. *Auf einfachen und Doppel-Dreischneidern sowie Dreimesser-Schnellschneidern.*

  Beschneiden von gefalzten, gehefteten oder gebundenen Papierlagen und Büchern.

III. *Auf Planschneidern.*
  1. Allseitig auf ein bestimmtes Maß beschneiden.
  2. Einfaches Teilen (Halbieren).

In diesem Zusammenhange sei auf die beiliegende Tabelle „Schneidemaschinen", in der sowohl alte wie neue Typen aufgenommen sind, hingewiesen.

| ARBEITSVORGANG SCHNEIDEN |

Allseitig Beschneiden auf ein bestimmtes Maß.

Unbearbeitetes Material

unbedruckt   bedruckt

reichlich   knapp   meist knapp

Aufstoßen usw.

In die Maschine legen. Man nimmt durchschnittlich in die Hand

bei kleiner Schnittlänge   bei mittlerer Schnittlänge   bei großer Schnittlänge

etwa ganze Stoßhöhe   etwa $1/3$ Stoßhöhe   etwa $1/5$—$1/6$ Stoßhöhe

(Unter Stoßhöhe ist gemeint die erlaubte Schnittmenge)

Einstellen auf Schnittlinie

Einpressen

1. Schnitt

Pressung lösen

Stoß um 90 Grad schwenken

Material bereits vorher im   Material allseitig unbeschnitten
Winkel zugeschnitten   oder nicht winklig zugeschnitten

Frühere Schnittkante als Anlage   Schnittlinie auf oberstem Blatt
gegen den Sattel verwenden   anzeichnen

Einstellen auf Schnittlinie   Einstellen auf Schnittlinie nach
durch Sattelverstellung   Aufzeichnung — freihändig!

Einpressen

2. Schnitt

Pressung lösen

Stoß um weitere 90 Grad schwenken. — Besser um 180 Grad, weil dann nur geringe Sattelverstellung nötig

Schnittkante an Sattel anlegen

Anzeichnen der Schnittlinie (abmessen)

Einstellen des Stoßes auf Schnittlinie

Einpressen

3. Schnitt

Pressung lösen

Stoß um 90 Grad schwenken

Schnittkante an Sattel anlegen

Anzeichnen der Schnittlinie (abmessen)

Einstellen der Stöße auf Schnittlinie

Einpressen

4. Schnitt.

Pressung lösen

Stoß aus der Maschine herausnehmen

Bearbeitetes Material

ARBEITSVORGANG SCHNEIDEN

Einfachteilen (Abtrennen).

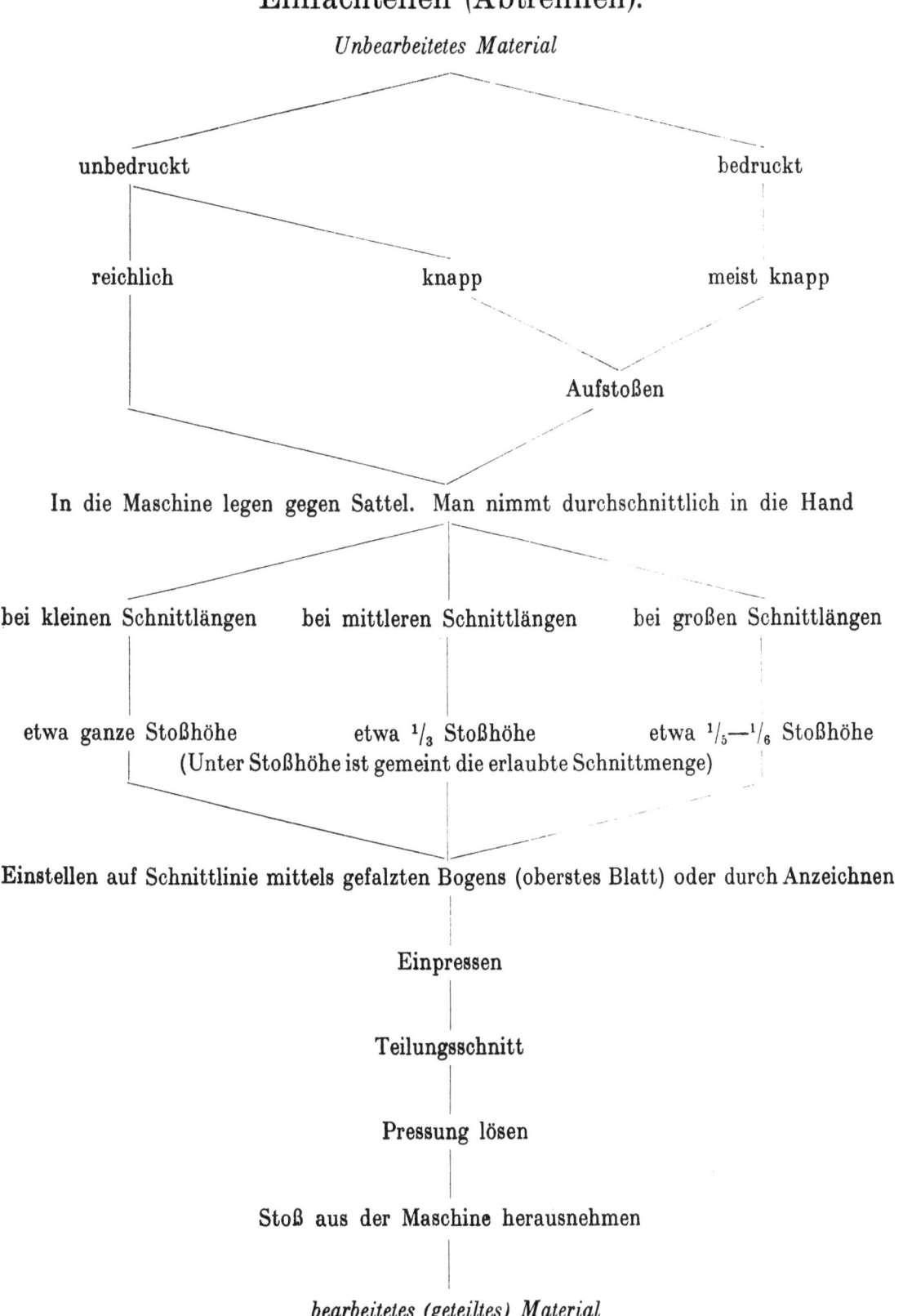

ARBEITSVORGANG SCHNEIDEN

Mehrfachteilen durch Parallelschnitte.

Unbearbeitetes Material

unbedruckt — bedruckt

reichlich — knapp — meist knapp

Aufstoßen

In die Maschine legen gegen Sattel. Man nimmt durchschnittlich in die Hand

bei kleinen Schnittlängen — bei mittlerer Schnittlänge — bei großer Schnittlänge

etwa ganze Stoßhöhe — etwa $1/3$ Stoßhöhe — etwa $1/5$—$1/6$ Stoßhöhe

(Unter Stoßhöhe ist gemeint die erlaubte Schnittmenge)

Einstellen auf Schnittlinien

bei unbedrucktem Material — bei bedrucktem Material

ohne Schnittzeichen — mit Schnittzeichen

mit gefalztem Bogen (Sattellage!) oder durch Anzeichnen — durch Anlegen und Vorschieben mittels Sattel, bis Schnittlinie durch die Zeichen geht

Einpressen

1. Schnitt

abgeschnittenes Material entfernen

Lösen der Pressung

Einstellen auf neue Schnittlinie

weitere Teilschnitte wie oben

Letzter Teilschnitt

Pressung lösen

Materialstoß um 180 Grad schwenken und gegen Sattel anstoßen

Einstellen auf Schnittlinie

Einpressen

Letzter Schnitt

Pressung lösen

bearbeitetes (geteiltes) Material

ARBEITSVORGANG SCHNEIDEN

Mehrfachteilen durch Parallel- und Querschnitte mit allseitig glattgeschnittenen Kanten.

Unbearbeitetes Material

Vorgang der Parallelschnitte wie Arbeitsvorgang „Mehrfachteilen durch Parallelschnitte" auf Seite 104 angegeben. — Materialstreifen aber auf Schneidunterlage liegen lassen.

In Streifen geteiltes Material

Material auf Schneidunterlage liegend um 90 Grad geschwenkt und gegen zurückgestellten Sattel anlegen

Geraderichten der Stöße im ganzen

Einstellen auf Schnittlinie

bei unbedrucktem Material	bei bedrucktem Material
ohne Schnittzeichen	mit Schnittzeichen
mit gefalztem Streifen, besser durch Anzeichnen	durch Vorschieben, bis Schnittlinie durch die Zeichen geht.

Einpressen

1. Querschnitt

Abgeschnittenes Material entfernen

Lösung der Pressung

Einstellen auf neue Schnittlinie

weiterer Vorgang wie oben

Letzter Querschnitt

Pressung lösen

Stoß aus der Maschine entfernen

allseitig bearbeitetes Material

ARBEITSVORGANG SCHNEIDEN

Eckenabschneiden.

Allseitig beschnittenes Material

glattrichten

Einstellen auf Schnittlinie freihändig — ohne jede Anlage

bei unbedrucktem Material — bei bedrucktem Material

ohne Schnittzeichen — mit Schnittzeichen

durch Auflegen einer Pappschablone oder durch Anzeichnen — nach dem Druck — nach den Schnittzeichen

Einpressen

Eckenabschnitt

Pressung lösen

bearbeitetes Material

Sollen mehrere Ecken an einem Stoß abgeschnitten werden, so ist derselbe Vorgang jedesmal zu wiederholen.

ARBEITSVORGANG SCHNEIDEN

Streifen schrägschneiden.

Streifenmaterial nach Arbeitsvorgang ,,Mehrfachteilen durch Parallelschnitte''
(siehe Seite 104) zugeschnitten

Stoß glattrichten und in die Maschine legen

Einstellen der Schnittlinie

bei unbedrucktem Material — bei bedrucktem Material

ohne Schnittzeichen — mit Schnittzeichen

durch Anzeichnen der Schnittstelle — nach Druck — nach den Schnittzeichen
oder durch gefalzten Bogen

Einpressen

Schräger Schnitt

Pressung lösen

Stoß aus der Maschine nehmen

bearbeitetes schräggeschnittenes Material

ARBEITSVORGANG SCHNEIDEN

Beschneiden von gehefteten und gebundenen Lagen.

Gefalztes Material (in gehefteten oder gebundenen Lagen)

unbedruckt   liniert   bedruckt

auf Rücken und Kopfseite aufstoßen

In die Maschine auf Schneidunterlage legen und Rücken gegen Sattel anstoßen

Auf vorgezeichnete Schnittlinie oder durch Abmessen einstellen

Einpressen

1. Schnitt

Pressung lösen

Materialstoß auf Schneidunterlage um 90 Grad schwenken

Sattel zurückstellen und Einstellen des Sattels auf Schnittlinie an der Fußseite

Einpressen

2. Schnitt

Pressung lösen

Materialstoß umdrehen und auf der Schneidunterlage um 180 Grad schwenken

Einstellen des Stoßes auf Schnittlinie an der Kopfseite durch Vorstellen des Sattels

Einpressen

3. Schnitt

Pressung lösen

Material aus der Maschine herausnehmen

fertig auf allen drei Seiten beschnittenes Material

ARBEITSVORGANG SCHNEIDEN

Beschneiden von gefalzten, gehefteten oder gebundenen Papierlagen auf Dreischneidern.

Material aus unbeschnittenen Papierlagen bestehend, gefalzt, geheftet oder gebunden.

Einstellen und Einrichten auf Formatgröße

Material aufstoßen

in die Maschine legen

bei einfachen Dreischneidern	bei Doppel-Dreischneidern	bei Dreimesser-Schnellschneidern
einen Stoß mit Rücken gegen Sattel	*zwei* Stöße von beiden Seiten mit Rücken gegen Sattel	*einen* Stoß mit Rücken gegen Sattel und Kopfseite gegen Seitenanschlag[1])

Einpressen

Fußschnitt	1. Kopf- und 2. Fußschnitt	*Kopf- und Fußschnitt*[1])
Tisch um 90 Grad schwenken	Tisch um 90 Grad schwenken	
Vorderschnitt	1. Vorderschnitt	*Vorderschnitt*
Tisch um 90 Grad schwenken	Tisch um 90 Grad schwenken	
Kopfschnitt	2. Fuß- und 1. Kopfschnitt	
Tisch in Anfangsstellung zurückschwenken	Tisch um 90 Grad schwenken	

2. *Vorderschnitt*

Tisch um 90 Grad schwenken

Pressung lösen

Abfallspäne entfernen

Materialstoß aus der Maschine herausnehmen[1])

Material fertig an allen drei Seiten beschnitten

---

[1]) An diesen Stellen erfolgen beim Schneiden von Doppel- und Mehrfachformaten geringe Abweichungen.

ARBEITSVORGANG SCHNEIDEN

Allseitig auf ein bestimmtes Maß beschneiden auf Planschneidern.

Material vom Querschneider auf allen vier Seiten ungenau beschnitten

Einstellen und Einrichten auf Formatgröße

bei geringem Abfall   bei reichem Abfall

Material aufstoßen

In die Maschine gegen schwenkbare Anschläge legen

Mittelpressung anziehen

schwenkbare Anschläge herausdrehen

Tisch mit Material einfahren

Selbstpressung einstellen

1. Schnitt

Tisch mit Material herausfahren

um 90 Grad schwenken

wieder einfahren

2. Schnitt

Tisch mit Material herausfahren

um 90 Grad schwenken

wieder einfahren

3. Schnitt

Tisch mit Material herausfahren

um 90 Grad schwenken

wieder einfahren

4. Schnitt

Tisch mit Material herausfahren

Mittelpressung lösen

Materialstoß aus der Maschine herausnehmen

Material genau an allen vier Seiten beschnitten

ARBEITSVORGANG SCHNEIDEN

Einfaches Teilen (Halbieren) auf Planschneidern.

Material vom Querschneider auf allen vier Seiten ungenau beschnitten

Vorgang des allseitigen Beschneidens wie bei „Allseitig auf ein bestimmtes Maß beschneiden auf Planschneidern" Seite 110 angegeben. Material bleibt nach dem vierten Schnitt auf eingefahrenem Tisch liegen

allseitig genau beschnittenes Material

Tellerpressung lösen

Schneidbrett entriegeln und mit Material gegen Teilungsanschlag vorziehen

Teilungsschnitt

Schneidbrett zurückschieben und Tisch herausfahren

Materialstoß aus der Maschine herausnehmen

Material geteilt und allseitig beschnitten

PAPIER-ERZEUGNISSE

IV.
Papiererzeugnisse.

Als Papiererzeugnisse sind sowohl veredelte oder zu verschiedenen Gebrauchszwecken umgewandelte Papiere, als auch aus Rohpapier und veredeltem Papier hergestellte Erzeugnisse der Papierindustrie und des graphischen Gewerbes anzusehen. Von letzteren sind etwa 100 wichtige Hauptgruppen aufgeführt, zu denen etwa 1800 verschiedene Papiererzeugnisse zusammengefaßt wurden. Bei diesen sind Bemerkungen zum Teil aufgeführt, und zwar bedeuten:

    o von Papiernormalformaten direkt abhängig
    x „   „ indirekt abhängig
   § in Abhängigkeit von Normen anderer Industrien.

o **A**bziehbilder
 Albumkulissen, ev. auch für Musterkarten
o Ansichtskarten und Bilder
 Atrappen

 Balgen für Photographieapparate
 Ball-, Karneval- und Kotillonartikel
 Bierglasuntersetzer
 Bijouteriekarten
o Bilder- und Modellierbogen
o Blöcke
 Blumen und Blätter (künstliche)
 Bonbonnièren
o Briefbogen und Briefbogenausstattung
o Briefmarken
o Buchschilder
 Buchstaben und Verzierungen zum Aufkleben auf Schilder und zum Einsetzen in Schilder
o Buchzeichen

o **D**iarien
o Diplome und Vordrucke
 Drachen aus Papier
 Duftkissen aus Papier

o **E**tiketten
x Etuis

 Fahnen für Kinder
o Fahrkarten und Fahrscheine
o Fernsprechverzeichnisse
 Festabzeichen
 Figuren aus Pappe
 Filzplatten
 Flaschensicherungen

o Formulare mit Vordruck
x Futterale

 Galanteriewaren
 Gaufrier-Arbeiten
 Gelatine-Erzeugnisse
 Gewehr- und Patronenpfropfen
§ Gezogene und gepreßte Gegenstände
o Gummierte Adressen
 Gummiwaren

o **H**efte
 Holzteile

 Imitierte Brandmalereiartikel

 Jagdpatronen-Verschlußscheiben

o **K**alender
o Kalender-Rückwände und Wandtaschen
x Kapseln
o Karten mit Aufdruck, mit Ausschnitten und zum Aufstecken
o Kartons und Passepartouts für Bilder und Photographien
o Kartothekkarten
x Kästen aus Pappe
 Klosettschutzdecken
 Koffer
 Künstliche Schiefertafeln

 Lampenschirme
 Lehrmittel für Blindenanstalten
o Lehrmittel-, Schreib- und Zeichenvorlagen
 Leseständer
o Lotterielose und Wertpapiere

PAPIER-ERZEUGNISSE

Manschetten
x Mappen und Taschen
Maßstäbe und Transporteure
Musterblätter, Musterkarten und -Umschläge

Nadelpackungen
Notendruck

x Ordner für Briefe

o Papiere
Papierstreifen
§ Pappartikel für elektrische Isolierzwecke
Pappteller
Paravents
Pennale
o Plakate und Schilder
Plattsticheinlagen
Posamentenmappen und -Wickler
o Postkarten
§ Preßspanartikel

x Rollenpapier

Sargverzierungen aus geprägter Pappe
Sattler- und Lederwaren
Schablonen
o Schecks
Scheiben und Ringe

Schirmumhüllungen
Schreibmappen und -Unterlagen
§ Schuhartikel
Schutzringe für Filzhüte
Servietten aus Papier
o Spielkarten
Spielsachen aus Pappe
Spitzenpapiere
Spitztüten
Stocklaternen
§ Stuhlsitze

Tapisserie-Erzeugnisse
Tellerdecken aus Papier

o Umschläge und Taschen für Briefe, Dokumente und Drucksachen
Unterlagspappen zu Tabletts mit Glasplatte

o Werbe-Drucksachen
o Wiegekarten

Zelluloidartikel
Zielscheiben
Zifferblätter
Zigarettenpapier in Buchform geheftet
Zigarrenringe und -Streifen
Zigarren- und Zigarettenkisten-Ausstattung

GLIEDERUNG EINES PAPIER-ERZEUGNISSES

V.
Gliederung eines Papiererzeugnisses: Beispiel „Etiketten".

Von den zahlreichen und in den verschiedensten Ausführungen vorkommenden Papiererzeugnissen sind als Beispiel die Etiketten gegliedert, und für eine Gruppe Etiketten die vorkommenden Arbeiten und erforderlichen Maschinen, dem Arbeitsgang entsprechend, festgestellt. Wird eine solche Gliederung für sämtliche Papiererzeugnisse durchgeführt, so entsteht ein klares Bild sowohl über die vielen Aufgaben, die die Papiermaschinen in der Papierindustrie zu erfüllen haben, als auch über die Mannigfaltigkeit der Papiererzeugnisse und die zurzeit üblichen Arten ihrer Herstellung.

I. Etiketten, eckige Form.

A. Aufklebe-Etiketten
1. mit voller Gummierung
2. mit seitlicher Gummierung
3. ohne Gummierung

B. Ansteck-Etiketten
1. mit Ansteck-Vorrichtung
2. ohne Ansteck-Vorrichtung, mit Klappe

C. Anhänge-Etiketten
1. mit Klappenrand
2. mit geprägtem Rand
3. mit Metallrand

II. Etiketten, runde oder fassonierte Form.

A. Aufklebe-Etiketten
1. mit Gummierung
2. ohne Gummierung

B. Ansteck-Etiketten
1. mit Ansteck-Vorrichtung

C. Anhänge-Etiketten
1. mit glattem Rand
2. mit geprägtem Rand
3. mit Metallrand

Beispiel für I, A. 1.

Bezeichnung: Etiketten, eckige Form, Aufklebe-Etiketten.
Ausführung: Mit voller Gummierung.
Material: Holzfreies Druckpapier, Siegelmarkenpapier, z. B. Chromo-, Glanz- oder Naturpapier.

Arbeitsvorgänge	*Hierzu notwendige Maschinen*	
I. Herstellungsart	*Großbetrieb*	*Kleinbetrieb*
1. Umdruck	Tritthebel-Umdruckpresse	Handhebel-Umdruckpresse
2. Vordruck (Untergrunddruck)	Schnellpresse	desgl.
3. Druck (Bronzieren)	Bronziermaschine auch zum Abstauben oder Abstaubmaschine	desgl. ev. Handarbeit
4. Druck	Schnellpresse	desgl.
5. Gummieren	Gummiermaschine	desgl.
6. Aufnadeln	Handarbeit	desgl.
7. Schneiden	Schneidemaschine mit Schmalschneideeinrichtung	desgl.

GLIEDERUNG EINES PAPIER-ERZEUGNISSES

	Hierzu notwendige Maschinen	
II. Herstellungsart	*Großbetrieb*	*Kleinbetrieb*
1. Papier in Bogen gummieren	Gummiermaschine	Handhebel-Umdruckpresse
2. in Teile schneiden	Schneidemaschine	desgl.
3. Farbdruck, Stanzung und Prägung	Tiegeldruckpresse	desgl.
III. Herstellungsart		
1. Papier von der Rolle gummieren	Rollenpapier-Gummiermaschine	
2. Farbdruck, Stanzung und Prägung	Siegelmarken-Schnellpresse	
IV. Herstellungsart		
1. Papier in Bogen gummieren	Gummiermaschine	desgl.
2. Papier in Streifen schneiden	Schneidemaschine mit Schmalschneideeinrichtung	desgl.
3. Stanzen und Prägen	Prägebalancier evtl. einarmige Spindelpresse	desgl.

PAPIERMASCHINEN-VERZEICHNIS

VI.
Papiermaschinen-Verzeichnis.

Nachfolgend sind von den Papiermaschinen nur die Papierverarbeitungsmaschinen und Druckmaschinen aufgeführt. Bei den Papierverarbeitungsmaschinen einschließlich der Hilfsmaschinen sind sämtliche zurzeit gebräuchlichen Bezeichnungen genannt, für die eine Vereinheitlichung erwünscht ist. Zugrundegelegt wurde das erste Papierverarbeitungsmaschinen-Gesamtverzeichnis des Papierverarbeitungsmaschinen-Verbandes vom Dezember 1919, wobei Ergänzungen nachgetragen wurden. Außerdem wurden Unterlagen der Maschinenfabriken, die dem Papierverarbeitungsmaschinen-Verband nicht angehören, berücksichtigt, so daß die Druckschriften von 145 Werken, die Papierverarbeitungsmaschinen bauen, Verwendung fanden. Dies geschah durch Zusammenstellung einer Kartei, wie sie im III. Teil dieses Buches veranschaulicht wurde.

Infolge mangelhafter Unterlagen, Änderung des Bauprogrammes einzelner Werke, Aufnahme fremder Maschinen in Katalogen als Handelsmaschinen, macht diese Aufstellung keinen Anspruch auf Genauigkeit.

I, II ... bedeutet: PMV-Gruppe nach Gesamtverzeichnis Dezember 1919.

VII bedeutet die frühere PMV-Gruppe VII, von der ein Teil der Gruppe VI, der andere Teil der Zwischengruppe zugeteilt wurde.

Im PMV-Verzeichnis nicht vorkommende Maschinenbenennungen wurden ohne Gruppenangabe aufgeführt.

1 ... oder 2 ... bedeutet: Die Bezeichnung wird in Katalogen oder Prospektblättern von 1 oder 2 Fabriken angewandt.

Die *Druckmaschinen* wurden in einer Aufstellung gemäß der durch den VDD festgelegten systematischen Anordnung aufgezählt, jedoch ohne Hinweis auf Untergruppe und ohne Angabe der Zahl über Anwendung der Bezeichnung.

PAPIERMASCHINEN-VERZEICHNIS

Papierverarbeitungsmaschinen.

Gruppe:				
			1	Abfüllmaschinen
			1	Abfüllmaschinen mit Tütenzuführer
			1	Abhobelapparate für Stanzklötze
			1	Abfüllmaschinen (rotierende)
I			1	Abkehrmaschinen
			1	Abpackmaschinen (automatisch)
			1	Abpackmaschine mit Abfüllmaschine
			1	Abpackmaschine mit Rundherum-Etikettiermaschine
I			5	Abpreßmaschinen
I			5	Abrundemaschinen
			1	Absatzfleck-Drahtheftmaschinen
I			5	Abschärfmaschinen
I			4	Abschrägmaschinen
III			5	Abstaubmaschinen
I			2	Abziehpressen für Klischees
I			3	Abziehpressen für Korrekturen
I			4	Aktenentwertungsmaschinen
II			5	Aktenhefter
IV			6	Aktentaschenmaschinen
I			1	Akzidenzdruckmaschinen
II			1	Andrück-Etikettenmaschinen
VI	VII		6	Anfeuchtmaschinen
VII			1	Anfeuchtmaschinen für Rollen und Bogen
III			1	Anhängemaschinen
II	III		5	Anhängeetikettenmaschinen
III			1	Animalische Leimmaschine
I	II	III	12	Anleimmaschinen
			1	Anleimmaschinen für Bogen
III			7	Anleim- und Gummiermaschinen
III			6	Anleim-, Gummier- und Etikettiermaschinen
III			7	Anleim-, Gummier- und Lackiermaschinen
II			6	Anpreßmaschinen (Blechstreifen)
I			4	Anreibemaschinen
II			7	Anschlagmaschinen
			1	Anschlag- und Lochmaschinen
I	VI		9	Anschmiermaschinen
III			1	Ansetzmaschinen
II			5	Anstiftmaschinen
VI			1	Apothekerbeutelmaschinen
I			1	Apothekerkapselmaschinen
			1	Asbestschieferhilfsmaschinen
III			1	Asphaltpapiermaschinen
			3	Aufhängeapparate
VI			1	Aufhängeapparate für Kettenbetrieb
I	VI		2	Aufhängetrockenapparate
			1	Aufklebemaschinen
V			2	Aufnadelapparate für Tüten
VI			8	Aufrollmaschinen für Baryth- und Emulsionspapiere
			1	Aufschneideapparate
			5	Aufschneidemaschinen für Schachteln

PAPIERMASCHINEN-VERZEICHNIS

Gruppe			
I		1	Auftragmaschinen für Celloidin- und Gelatinepapiere
VI		1	Aufziehpressen
		1	Ausrüstungsmaschinen für Flaschen
I	IV	18	Ausstanzmaschinen
		1	Ausstanz- und Rillenmaschinen
		1	Ausstanzmaschinen für Asbestschiefer
		2	Ausstanzmesser
I		6	Ausstanzpressen
		1	Ausstattungsmaschinen für Postkarten
		1	Ausstanzmaschinen für Schaumweinflaschen
		1	Autographiepressen
		1	Automatenschokolade-Einpackmaschinen
I		1	Automaten für Massenherstellung von Nadelstech- und Andrücketiketten
		1	Automaten- und Zigarettenschachtel-Stanzmaschinen
		6	Autotypiepressen
III		6	Balanciers zum Prägen und Vergolden, zum Ausschneiden, Perforierbalanciers
I		4	Balancier-Friktions-Prägepressen
		1	Balancier-Friktions-Spindelpressen
I		4	Balancierpressen zum Perforieren der Rundreisebilletts
I		4	Balancier-Spindelpressen
		1	Ballenbremsen zu Meß-, Roll- und Schneidemaschinen
		1	Ballenendenvergoldepressen
I		8	Ballenpackpressen
		2	Ballenpressen
I		3	Banddruckmaschinen
		1	Banderolen- und Etiketten-Schnell-Anschmiermaschinen
III		1	Banderoliermaschinen für Tabak, Zigarren, Zigaretten
		1	Bandkalander
		1	Banderolierungsmaschinen, automatisch
		4	Banderolierungsmaschinen
		1	Bänder-Schneidemaschinen
		1	Bandschiffchen-Einfaßmaschinen
VI		11	Beklebemaschinen
		1	Beklebemaschinen für doppelseitige Wellpappe
VI		1	Belichtungsmaschinen für Rotationsphotographie für Rollen und Bogen
		1	Berändlungsmaschinen
I	II	4	Beutelbiege- und Lochmaschinen
		2	Beuteldruckpressen
		1	Beutelfaltmaschinen
		1	Beutel- Falt-, und -Klebemaschinen
II		3	Beutelklammer-Anpreßmaschinen
IV		7	Beutelmaschinen (vom Blatt und mit Oberstempel arbeitend, wie Zigarren-, Lohn-, Samen- und Apothekerbeutelmaschinen
V		4	Beutelmaschinen — Boden- (von der Rolle arbeitend)
I		8	Beutelschneidemaschinen
II		8	Beutelverschließmaschinen
		8	Biegemaschinen
I		11	Biegemaschinen für Karton
I		8	Biegemaschinen für Pappe

PAPIERMASCHINEN-VERZEICHNIS

			Gruppe	
				2	Biegemaschinen mit Schlitzeinrichtung
I				1	Biegemaschinen für Stahl- und Messinglinien
				3	Bierflaschenetikettiermaschine (automatisch)
I				3	Bierglasuntersetzer-Stanzmaschinen
I				2	Bierglasuntersetzer-Stanz- und -Druckautomaten
				1	Billetformatkuvertmaschinen
III	VII			4	Bischof-Rollmaschinen
I				3	Blattgoldabreibemaschine
				2	Blechbeklebemaschinen
III				2	Blechbronziermaschinen
II				1	Blecheckenanpreßmaschinen
II				4	Blecheckenanschlagmaschinen
II				8	Blechklammeranpreßmaschinen
				2	Blechklammeranschlagmaschinen
				1	Blechklammerbefestigungsmaschinen
II				3	Blechklammermaschinen
				1	Blechklammerheftmaschinen
				8	Blechlackermaschinen
				1	Blechnietenheftmaschinen
				1	Blech- und Plakat-Rotationslackiermaschinen
				1	Blechstreifen-Anschlagmaschinne
II				3	Blechstreifenanpreßmaschinen
				1	Blechstreifenbeklebemaschinen
I				2	Blechzungenanpreßmaschine
I				6	Blinddruckpressen
I				5	Blindliniiermaschinen
I				5	Blitzpressen zum Prägen
II				10	Blockheftmaschinen
I				5	Blumenblätter-Stanzmaschinen
II				7	Bodenecken- oder Rundschachtel-Heftmaschinen
I				3	Bodenkreisscheren
II				1	Bodenschutznietmaschinen
II				4	Bodenverschlußmaschinen
				2	Bodenverschlußmaschinen und Flachheftmaschinen
				1	Bogenableger (selbsttätig)
III				6	Bogenanklebemaschinen
II				3	Bogenanlegeapparate für Falzmaschinen
III				7	Bogenanleimmaschinen
				1	Bogenbürst-, Polier-, Talkumier-, Magnesiaeinreib- und Abstaubmaschinen
VI				3	Bogenbürstmaschinen
				2	Bogeneinleger
				4	Bogenfalzmaschinen (automatische)
II				4	Bogenfalzmaschinen für Briefpapier
II				4	Bogenfalzmaschinen für Werk- und Zeitungsdruck
VI				5	Bogenfärbmaschinen
				1	Bogenaufriermaschinen
VI	VII			11	Bogenkalander
I	III	VI		6	Bogenkaschiermaschinen
				2	Bogen auf Bogen-Klebemaschinen
				1	Bogenklebmaschinen
				1	Bogenlackier- und Gummiermaschinen
				1	Bogenschneidemaschinen

PAPIERMASCHINEN-VERZEICHNIS

Gruppe		
	1	Bogenschneidemaschinen von der Rolle
VI	9	Bogenschneider (Querschneider)
VI	9	Bogentrockenapparate
II	5	Bogen- und Zeitungsfalzmaschinen
I	3	Bohrmaschinen für Bücher
I	4	Bohrmaschinen für Papier
II	3	Bohr- und Fadenknotmaschinen
II	3	Bordierrollenschneidemaschinen
I	4	Bordiermaschinen
	2	Bostonbuchdruckpressen
	3	Bostontiegeldruckpressen
	1	Brecherei- und Siebereianlagen für Schmirgel
	1	Brieffalzmaschine
II	1	Briefmarkenperforiermaschinen (automatische)
	1	Briefmarkenrotationsmaschinen
	1	Briefumschlägeetikettiermaschinen
IV	7	Briefumschlagmaschinen
	1	Briefumschlagstanzmaschinen
	1	Brillenfutteralwickelmaschinen
III	5	Bronziermaschinen
	1	Bronze-Abstaubmaschinen
	1	Bronze-Abkehrmaschinen
II	12	Broschürendrahtheftmaschinen
I	3	Broschüreneinhängemaschinen
II	2	Broschürenfadenheftmaschinen
I	2	Broschüren-Leim- und Einhängemaschinen
I	1	Broschürenleimpressen
I	8	Broschürenlochmaschinen
	2	Broschüren- und Block-Drahtheftmaschinen
	1	Broteinwickelmaschinen
	1	Buchbinderfarbdruckpressen
I	4	Buchbinderfarbdruckschnellpressen
III	4	Buchdeckenanleimmaschinen
I	1	Buchdeckenanmacumaschinen
	1	Buchdeckenbeklebemaschinen
I	3	Buchdeckenmachmaschinen
	3	Buchdeckenmaschinen
I	4	Buchdeckenrückenmaschinen
	1	Buchdeckenrückenpressen
	3	Buchdeckenrückenrundemaschinen
I	6	Buchdeckenrückenrundepressen
I	5	Buchdeckenüberziehmaschinen
II	2	Buchdrahtheftmaschinen
	4	Buchdruckmetallutensilien
	2	Buchdruckhandpressen
	3	Bucheckenmaschinen
	1	Bucheckenanmachmaschinen
	2	Bucheinhängemaschinen
II	2	Buchfadenheftmaschinen
	1	Buchrücken- und Blockleimmaschinen
I		Buchfalzeinbrennmaschinen
I	4	Buch- und Steindruckpressen
	4	Bücherabpreßmaschinen

PAPIERMASCHINEN-VERZEICHNIS

Gruppe		
	1	Bücheretikettiermaschinen
	1	Bücherrundemaschinen
I	4	Bücherrückenabpreßmaschinen
I	6	Bücherrückenbiegemaschinen
I	3	Bücherrückenmaschinen
I	4	Bücherrückenrundemaschinen
	1	Büchsenetikettiermaschinen
III	1	Büchsenwickelmaschinen
	2	Büchsenwickel- und -Etikettiermaschinen (automatisch)
II	4	Bureauheftapparate
II		Bureauheftklammern
	4	Bureauheftmaschinen
VI	3	Bürstmaschinen
	1	Bürst- und Poliermaschinen
	1	Büttenkreisscheren
VI	1	Celloidinpapiermaschinen
I	3	Chagriniermaschinen
I	6	Couponabschneidemaschinen
I	6	Couponenwertungsmaschinen
	2	Dampfkochkessel
I	5	Dampfprägepressen
	1	Datumpressen
I	2	Deckel- und Bodenbeklebemaschinen
	1	Deckel- und Bodenetiketten-Etikettiermaschinen
	1	Deckelverschluß-Heftmaschinen
I	6	Deckelziehpressen
I	3	Deckenmachmaschinen (siehe auch Buchdeckenmachmaschinen)
VII	10	Diagonalschneidemaschinen
	1	Dichtungsplatten-Schneidemaschinen
	1	Doppel-Banderoliermaschinen
	1	Doppel-Blitzpresse
	1	Doppelbogen-Falzmaschinen
	3	Doppel-Dreischneider
	3	Doppel-Dreiseitenbeschneidemaschinen
	2	Doppeleckenausstanzmaschinen
I	6	Doppel-Hebelschneidemaschinen
	1	Doppelnadelstützen
	1	Doppel-Prägepressen
	3	Doppel-Querschneidemaschinen
	1	Doppel-Rill-, Nut- und Ritzmaschinen
VI	1	Doppel-Satinier-Bürstmaschinen
VII	5	Doppel-Satinierwerke
	1	Doppel-Schnitt-Fransen-Schneidemaschinen
	1	Doppel-Schneidemaschinen
	1	Doppel-Seiten-Paketetikettiermaschinen
	1	Doppel-Seiten-Verschlußetikettiermaschinen
	1	Doppel-Stirnseitenetikettiermaschinen
I	1	Doppelteile-Anhängemaschinen
	1	Doppeltragwalzen
	2	Doppel-Zargenschneidemaschinen
	1	Dosen-Etikettiermaschinen
III	2	Dosenwickelmaschinen

PAPIERMASCHINEN-VERZEICHNIS

				Gruppe		
					1	Dosier-Kontrollwagen
II					7	Drahtheftapparate
II					6	Drahtheftklammern
II					16	Drahtheftmaschinen
					4	Drahtheftmaschinen für Broschüren
II					6	Drahtheftmaschinen für Leder
II					5	Drahtheftmaschinen für Sohlenheftung und Absatzflecke an Pantoffeln und Schuhen
I					1	Drahthenkel-Heftmaschinen
II					1	Drahtstiftvernietmaschinen
I					3	Drehbänke für galvanoplastische Zwecke
					1	Drehkopfdoppelseiten-Paketetikettiermaschinen
					1	Dreimesser-Schnellschneider
					5	Dreiseitenbeschneidemaschinen
					1	Drogenbeutelmaschinen
I					2	Druckknopf-Befestigungsmaschinen
I	IV	VI			3	Druckmaschinen
					1	Druckmaschinen für Blindenschrift
					1	Druckmaschinen für Öl- und Leimfarben (kom.)
					1	Druckmaschinen zum Bedrucken von Seidenpapier
					1	Druckpressen-Falzapparat
					1	Druck- und Prägepressen
I					7	Druck- und Stanzmaschinen
I	III	IV	VI		1	Druckwalzen
					1	Druck- und Prägemaschinen
					2	Drücker
					1	Durchschneideapparate für Papphülsen in Ringe
					1	Durchschneidemaschinen für Papphülsen
VI					2	Durchschreibepapiermaschinen
I					7	Eckenabschneidemaschinen
I					7	Eckenausstanzmaschinen
					1	Eckenausstanz- und Schlitzeinschneidemaschinen
I					13	Eckenausstoßmaschinen
I					9	Eckenausstoß- und Schlitzmaschinen
I					5	Eckenabschneidemaschinen
I					5	Eckenbestoßmaschinen
					4	Eckendrahtheftmaschinen
I					2	Eckeneinziehmaschinen
II					12	Eckenheftmaschinen
II					6	Eckenleisten-Drahtheftmaschinen
					13	Eckenrundstoßmaschinen
					4	Eckennietmaschinen
					13	Eckenrundstoßmaschinen
I					4	Ecken- und Rahmenspanner
					1	Eckenschließ- und Anhängemaschinen
					1	Eckenschließmaschinen
II					6	Eckenverbindungsmaschinen
I	II				5	Einbruchfalzmaschinen
I	II				4	Einfaßmaschinen
I					3	Einfuhrpressen
					1	Einhängemaschinen
					2	Einpackmaschinen

PAPIERMASCHINEN-VERZEICHNIS

		Gruppe	
		2	Einpudermaschinen
I		1	Einrundeapparate
		1	Einrichtung zur Herstellung von Dachpappe
I		3	Einsägemaschinen
		1	Einschlagapparate
		2	Einwickelmaschinen
		2	Einwickel- und Einpackmaschinen (automatisch)
		1	Einwickel- und Verschluß-Etikettiermaschinen
		1	Entwicklungs- und Trockenmaschinen für Lichtpauspapier
		1	Einziehapparate für Kerne und Röllchen
I		1	Eisenbahnfahrkartenstempel
		1	Eisenbahnfahrkarten-Druckmaschinen
		1	Eisenbahnfahrkarten-Zählmaschinen
I		4	Eisenbahnsystem-Steindruckpressen
III		4	Etikettenanleimmaschinen
I	II	1	Etikettenautomaten
		2	Etiketten-Gummiermaschinen
I			Etikettenhalter
II		3	Etikettenklammeranpreßmaschinen
II		6	Etikettenmaschinen
		6	Etikettenschneidemaschinen
I		6	Etikettenschneider
I		7	Etikettenstanzmaschinen
III		5	Etikettiermaschinen
		2	Etikettiermaschinen für Schachteln, Packungen usw. (automatisch)
		1	Etikettiermaschinen für Büchsen
I		4	Etuismaschinen
		1	Exzenter-Anpreßmaschinen
I		9	Exzenterpressen für Papier und Pappe
		2	Exzenterpressen (einarmig)
		1	Exzenterpressen für Schachtelzuschnitte
		1	Exzenterpressen für Stanzen
I		7	Exzenterpressen zur Herstellung von Pappenzuschnitten
I		2	Facettenfräsmaschinen
I	II	4	Fassonstanzmaschinen für Musterkarten usw.
II		2	Fadenheftmaschinen für Bücher und Broschüren
		1	Fadenspulen-Etikettiermaschinen
II		2	Fadenknotmaschinen
I		2	Fahrkartendruckmaschinen
I		3	Faltenbeutelmaschinen (vom Blatt arbeitend)
I		2	Faltenbrechmaschinen
I		2	Faltenniederdruckpressen
		5	Falt- und Klebemaschinen
		1	Faltschachtel-Anleim- und -Anpreßmaschinen
		1	Faltschachtel-Etikettiermaschinen
I		3	Faltschachtel-Fräs- und Nutmaschinen
		6	Faltschachtel-Drahtheftmaschinen
II		10	Faltschachtel-Heftmaschinen
I		5	Faltschachtel-Klebemaschinen
		1	Faltschachtel-Klebemaschinen (automatisch)
		1	Faltschachtel-Nutmaschinen

PAPIERMASCHINEN-VERZEICHNIS

Gruppe		
	1	Faltschachtel-Stanzautomaten
I	10	Faltschachtel-Stanzmaschinen
I	2	Faltschachtel-Ummäntelmaschinen
	1	Falzapparate für Zeitungen
	1	Falz- und Stempelapparate für Meßmaschinen (selbsttätig)
I II	7	Falzmaschinen für Bogen
	1	Falzmaschinen (halbautomatisch)
	1	Falzmaschinen (ganzautomatisch)
	1	Falzmaschinen für Kartonbogen
	1	Falzmaschinen für Papierlagen
I	6	Falzniederdruckpressen
	1	Fälzelklebemaschinen
I VI	4	Fangpressen zu hydraulischen Pressen für Papier und Pappe
	1	Farbbandmaschinen
	1	Farbbüchsenverschluß-Klebemaschinen
	1	Farbbürstentrockenmaschinen
I	4	Farbdruckpressen für Buchbinder
	1	Farbdruckschnellprägepressen
I	3	Farbenfilterpressen
	1	Farbenkarten-Wickelmaschinen
	4	Farbenknetmaschinen
	1	Farben- und Kleisterknetmaschinen
VI	8	Farbenmischmaschinen
	3	Farbenreibmaschinen
I VI	2	Farbenrührwerke
VI	7	Farbensiebmaschinen
VI	3	Farbfilzwaschmaschinen
I	6	Farbliniierapparate
I	3	Farbreibmaschinen
VI	1	Farbtücher-Trockenmaschinen
VI	1	Farbtücher-Waschmaschinen
I	4	Farbwerke
VI	6	Färbmaschinen
	2	Färbmaschinen für Seidenpapiere
VI	6	Färbmaschinen bzw. komplette Färbeanlagen für Chromobuntpapier usw.
	2	Färb- und Kreppapiermaschinen
	1	Färb- und Lackiermaschinen
	1	Fassonbeklebemaschinen
	2	Fassonstanzmaschinen
	1	Federliniiermaschinen
	1	Feinschnittmaschinen
IV	2	Fensterbriefumschlagmaschinen
	1	Fensterdruckmaschinen
	1	Fertigmachmaschinen
	1	Feuchtapparate an Rollenschneidemaschinen
VII	7	Feuchtapparate mit Spritzrohre oder Bürste
	2	Feuchtmaschinen und Rollmaschinen
	1	Feucht- und Rollmaschinen mit Abwickelmaschinen
I	2	Feuchtpressen zu Papiermaschinen gehörig
VII	2	Filigrainierkalander mit 4 und 5 Walzen für Zigarettenpapiere
VI	1	Filmemulsionsmaschinen
VI	1	Filmgießmaschinen

PAPIERMASCHINEN-VERZEICHNIS

Gruppe			
III		4	Filmrollen-Schneidemaschinen
VI		1	Film-Vorpräparationsmaschinen
I		2	Filterpressen für Druckfarben
I		12	Fingerhohlmaschinen bzw. Fingerlochstanzen
		7	Fingerlochstanzen
III		2	Flachabstaubmaschinen
		1	Flachbahn-Gummiermaschinen
IV		2	Flachbeutelmaschinen mit festen und verstellbaren Formaten
IV		6	Flachbeutelmaschinen mit festen und verstellbaren Formaten (vom Blatt und mit Oberstempel arbeitend)
V		3	Flachbeutelmaschinen (von der Rolle arbeitend)
		1	Flachbeutelmesser
III		4	Flachbronziermaschinen
		5	Flach-Drahtheftmaschinen
		1	Flach-Etikettiermaschinen
II		12	Flachheftmaschinen
		1	Flachpolstermaschinen
III		2	Flachpudermaschinen
III		2	Flachtalkumiermaschinen
		1	Flaschen-Ausrüstungsmaschinen
III		1	Flascheneinwickelmaschinen
III		3	Flaschenetikettiermaschinen
		1	Flaschenkapselmaschinen (automatisch)
		1	Flaschen-Plombiermaschinen
III		1	Flaschen-Verkapselmaschinen
III		1	Flügel-Einklebemaschinen
I		2	Foliendruckpressen
		1	Form- und Klebemaschinen für Etuisschachteln
		1	Formenstempel für Stahllinien
		1	Fransen-Schneidemaschinen
		1	Fräsapparate für Holzeinsätze
		2	Fräsmaschinen
I		1	Fräsmaschinen für Galvanoplastik
VII		11	Friktionskalander
VII		5	Friktions-Pappensatinierwerke mit 2 und 3 Walzen
I		8	Friktionspressen
		1	Friktionssatinierwerke
		1	Friktionsspindelpressen
I		1	Futteralstanzen
I		3	Fütterungsmaschinen für Briefumschläge und Beutel
I		4	Galvanoplastikpressen
		1	Garn-Mercerisiermaschinen
VI	VII	13	Gaufrierkalander
VI	VIII	14	Gaufriermaschinen für Papier und Pappe
		1	Gaufriermaschinen für Rollenpapier
VI		7	Gaufriermaschinen mit Bleiplatten
VI	VII	3	Gaufrier- und Prägemaschinen
		1	Gaufrierwalzwerke
VI		1	Gelatinepapiermaschinen für photographische Zwecke
		2	Geradeleger (automatisch)
		1	Geradewickler für verlaufene Rollen
		1	Geschwindigkeitsregler für Rollen-Schneidemaschinen

PAPIERMASCHINEN-VERZEICHNIS

				Gruppe	
				1	Gießmaschinen für Trockenplatten
VI				2	Glaspapieranlagen
VI				2	Glas- und Schmirgelpapiermaschinen bzw. komplette Anlagen zur Herstellung von Glas- und Schmirgelpapier- und Schmirgelleinen
I				6	Glättpressen
I				13	Glätt- und Packpressen
				1	Glätt- und Packpressen (hydraulisch)
VII				9	Glättwerke
III				1	Glühkörperhülsen-Verpackungsmaschinen
I				5	Goldabkehrmaschinen
I				5	Golddruckpressen
				1	Goldnachdruckmaschinen
				1	Gold-, Hoch- und Blinddruckpressen
III				9	Grainierkalander
				3	Grainier- und Gaufrierkalander
				1	Grainierkalander mit Walzwerk
VII				7	Grainiermaschinen
				1	Grainierwalzwerke
II				1	Graphitiermaschinen
I	VI			5	Grundiermaschinen
VI				1	Grundier- und Lackiermaschinen (komb.)
				1	Gummierapparat
III				15	Gummiermaschinen
IV				3	Gummiermaschinen für Briefumschläge und Beutel
				4	Gummiermaschinen für Rollenpapier
III				16	Gummier- und Lackiermaschinen
IV				4	Gummirührwerke
I	VI			3	Gummistempelpressen
I	III	IV	VI	1	Gummiwalzen
IV	VI			7	Gummiwalzendruckmaschinen
				1	Halseinsatzmaschinen
				1	Halseinsatzmaschinen (automatisch)
I				2	Halsschachtel-Anleimmaschinen
I				1	Halsschachtel-Anpreßmaschinen
				1	Handbelichtungsmaschinen für photographische Vervielfältigungen
VI				2	Handdrucktische
I				4	Handhebelpressen
I				5	Handhebelsteindruckpressen
I				6	Handpackpressen
I				5	Handpressen
				1	Handpressen für Buchdruck
				2	Handpressen für Steindruck
				1	Handpressen für Zinkdruck
				1	Handquer-Schneidemaschinen
I				1	Handritz- und Rillendrückapparate
				1	Handpressen zum Prägen und Ausschneiden
VI				1	Handrollmaschinen für große Ballen
VI				1	Handroll- und Meßtische
				1	Handspindelpressen
VI				1	Handwickelmaschinen für kleine Röllchen, auch mit Meßvorrichtung
VI				1	Handwickelmaschinen zum Miteinrollen von Schutzpapier
VI				6	Hartpapier-Hülsenwickelmaschinen

PAPIERMASCHINEN-VERZEICHNIS

Gruppe

		1	Haspelschneidemaschinen
I		⎧	Hebelpressen zum Prägen und Ausschneiden
I		8 ⎨	Hebelpressen zum Prägen und Vergolden
I		⎩	Hebelpressen zum Drucken von Autotypien
I		11	Hebelschneidemaschinen
II		8	Heftapparate
II		7	Heftapparate zum Nageln
II		8	Heftdraht
II		8	Hefter für fertige Klammern
II		7	Heftklammern
II		10	Heftmaschinenblock
II		13	Heftmaschinenkartonnagen
II		5	Heftpflaster-Perforiermaschinen
I		4	Heizapparate für Vergolde- und Prägepressen
I		5	Hilfsmaschinen für Buchdrucker
I		2	Hilfsmaschinen für Wellpappe
I		3	Hobelmaschinen für galvanoplastische Zwecke
I		1	Hohlgoldschnittmaschinen
		1	Hohlschneidemaschinen
II		3	Holländer-Heftmaschinen (bes. Art der Fadenheftmaschinen)
		1	Holzeinsatz-Fräsapparate
II		7	Holzkistchenstiftmaschinen
		1	Holzkisten-Rahmen- und Bodenheftmaschinen
		1	Holz-Leimauftragmaschinen
II		9	Holzleistenheftmaschinen
III		3	Hülsenabstechmaschinen
VI		1	Hülsendurchschneideapparate
VI		1	Hülsendurchschneideapparate
VI		1	Hülsendurchschneidemaschinen
		2	Hülsengummierapparat
		1	Hülsenklebemaschinen
		1	Hülsenpapier-Anleim- und Wickelmaschinen
VI		8	Hülsenschneideapparate und Maschinen
		7	Hülsenwickelapparate und Maschinen
		4	Hülsenwickelmaschinen (automatisch)
		1	Hülsenwickel- und Klebemaschinen
		1	Hülsenwickelmaschinen für Rollen
I		4	Hutfutterpressen
I		5	Hutfuttervergoldepressen
II		1	Hutleder-Perforiermaschinen
I		4	Hutlederpressen
		1	Hutleder-Schneidemaschinen
		1	Hutleder-Vergoldepressen
I		2	Hutringmaschinen
I	VI	7	Imprägniermaschinen für Rollenpapier
		1	Index-Schneidemaschinen
VI		1	Ingrain- und Grundiermaschinen
		1	Insektenschutzgürtelmaschinen
		1	Isoliermaterial-Rollen-Schneidemaschinen
		1	Kabelisoliermaterial-Schneidemaschinen
		1	Kabelpapierrollen-Schneidemaschinen
VII		14	Kalander für Papier

PAPIERMASCHINEN-VERZEICHNIS

Gruppe

	1	Kalander-Feuchtapparat
	1	Kalenderblock-Bohrmaschinen
	1	Kalendereinfaßmaschinen
I	3	Kalenderblock-Einschneidemaschinen
I	4	Kalikoschneidemaschinen
I	3	Kalikozuschneidemaschinen
II	1	Kanevasperforiermaschinen
III	2	Kantenanleimer
	2	Kantenanleimmaschinen
	4	Kantenabrundemaschinen
I	5	Kantenabschrägmaschinen
	2	Kantenschrägmaschinen
	1	Kapselmaschinen
	1	Kapsel-, Plombier-, und Einwickelmaschinen
II	1	Karabinerhaken-Drahtheftmaschinen
VI	2	Karbonpapiermaschinen
I	8	Karteikartenstanzen
	1	Kartenausstanzmaschinen
II	4	Kartenbrief-Perforiermaschinen
	1	Karten- und Bogenanklebemaschinen
I	1	Kartendruck- und Schneidemaschinen
	1	Karteneinleger
	1	Kartenetikettiermaschinen
I	9	Kartenkreisscheren
I	7	Kartenkreisscheren und Ritzmaschinen
	1	Kartenkreisscheren vereinigt mit Rill-, Ritz- und Nutmaschinen
II	1	Kartenösen-Beklebe- und Lochmaschinen
I	8	Kartenscheren mit Kreismessern
	3	Kartenschneidemaschinen
	1	Kartenschneidemaschinen mit Ritzwelle
	1	Karton-Aufschneidemaschinen
VI	2	Kartonbürstmaschinen
	2	Kartonbürst- und Poliermaschinen
I VI	2	Karton-Druck- und Färbmaschinen
II	10	Kartonecken-Heftmaschinen
	1	Kartonecken- und Bodenheftmaschinen
	1	Karton-Fingerlochstanze
II	10	Karton-Flachheftmaschinen
	1	Karton-Flachnietmaschinen
II	4	Kartonheftapparate
II	12	Kartonheftmaschinen
	1	Kartonkartendruckmaschinen
III	7	Kartonklebemaschinen
III	6	Kartonlackiermaschinen
	2	Kartonschneidemaschinen
I	14	Kartonnagenmaschinen
I	7	Kartonnagenstanzmaschinen
I	6	Kartonnietmaschinen
I	7	Karton- und Pappkreisscheren
	1	Kartonrollmaschinen
I	11	Kartonscheren
IV	1	Kartenbrief-Falzmaschinen
IV	1	Kartenbrief-Gummiermaschinen

PAPIERMASCHINEN-VERZEICHNIS

Gruppe

	1	Kartenscheren (automatisch)
I	5	Kartuschendeckelpressen
III	9	Kaschiermaschinen
	1	Kaschier-, Lackier- und Gummiermaschinen
	1	Kaschiermaschinen für Sackolinsäcke
	1	Kassenröllchen-Linierapparate
	1	Kassettenpolstermaschinen
	1	Kastenfüllapparate
VI	1	Kettenlose Aufhängeapparate
VI	1	Kettenlose Stabeinlegerapparate
	2	Kettenziehbänke
	1	Kinema-Filmrollen-Schneidemaschinen
	1	Klammerschere
	1	Klammermaschine
	1	Klammerstanz- und Anpreßmaschinen
	2	Klammerstanz- und Anpreßmaschinen (automatisch)
I	1	Klappapparate
VI	7	Klebemaschinen
III	4	Klebstoffaufstreichmaschinen
VI	6	Kleisterauftragmaschinen
VI	2	Keisterknetmaschinen
V	5	Kleistermühlen
III	5	Klosettpapierrollen-Schneidemaschinen
	1	Klosettpapierrollen-Schneide- und Perforiermaschinen
V	1	Klotzbeutelmaschinen
III	1	Knäuelwickelmaschinen
I	5	Kniehebelabziehpressen
	2	Kniehebel-Autotypiepressen
	1	Kniehebel-Handpressen
I	4	Kniehebel-Packpressen für Papier und Pappe
I	6	Kniehebel-Prägepressen für Papier und Pappe
I	1	Kniehebelpressen
	1	Kniehebelpressen mit selbsttätigem Zylinderfarbwerk
		Kniehebelpressen mit umlaufendem Tisch
		Kniebehebelpressen für Foliendrucke
I	4	Kniehebelstanzen
I	5	Kniehebel-Vergoldepressen
	1	Kniehebelvergolde- und Prägepressen
I	2	Pressen zum Knopfstanzen
	2	Knoten-Fadenheftmaschinen
I	7	Kolliösenmaschinen
III	3	Konfettimaschinen
I	8	Kontenblätter-Lochstanzen
	1	Kontenblätter-Rillmaschinen
I	1	Kontrollzangen
I	1	Kontrollzangen für Eisenbahnen
I	4	Kopierpressen
III	4	Kopierrollen-Schneidemaschinen
	1	Korkpapier-Rollenschneidemaschinen
	1	Korkbobineanlagen
I	3	Korrekturabziehapparate
I	2	Korrekturabziehpressen, selbstfärbend für Bogen
I	2	Kranzschleifenpressen

PAPIERMASCHINEN-VERZEICHNIS

Gruppe			
		1	Kreisbüttenscheren
		3	Kreiskartenscheren
I		8	Kreiskartenscheren mit Ritz-, Rill- und Nutmaschinen
I		8	Kreispappenscheren
I		5	Kreissägen für galvanoplastische Zwecke
		3	Kreissägen
		1	Kreisscheren mit Ritzmaschinen
		1	Kreisscheren und Doppel-Rill-, Ritz- und Nutmaschinen (vereinigt)
I		8	Kreisscheren für Papier und Pappe
I		6	Kreisscheren und Pappenschneid- und Ritzmaschinen
		2	Kreisscheren und Ritzmaschinen (vereinigt)
		2	Kreppmaschinen
VI		1	Kreppapiermaschinen
V		3	Kreuzbodenbeutelmaschinen
		1	Kreuzboden-Papiersackmaschinen
		1	Kreuzspulmaschinen
		1	Kröpfmaschinen
VI		1	Kugelkreppmaschinen
VI		3	Kugelpapiermaschinen
		1	Kunstdruckpapiermaschinen (doppelseitige)
I		4	Maschinen für künstliche Blumen
		1	Hilfsmaschinen zur Herstellung von Kunstschiefer
I		2	Kupferdruckpressen
		2	Kurbelpressen für Schachtelzuschnitte
		1	Kurbelsystem-Zuschnittautomaten
IV	VI	2	Kuvertdruckmaschinen
IV		10	Kuvertmaschinen
IV		1	Kuvert-Seidenpapierfuttermaschinen
IV		6	Kuvertstanzeisen
I	IV	9	Kuverstanzmaschinen
IV		1	Kuvertstanzmesser
I	III	3	Kuververschlußmaschinen
III		14	Lackiermaschinen
		2	Lackiermaschinen für Spielkarten
		2	Lackiermaschinen für Bogen, mit Trommel und Greifer
		1	Lackiermaschinen für Buntglasimitation
I	II	5	Lagenfalzmaschinen
		1	Lametta-Girlanden-Maschinen
		2	Langschlitzmaschinen
II		5	Längsdrahtheftmaschinen
VII		15	Längsschneidemaschinen für Papier und Pappe
		1	Längsschneide- und Wickelmaschinen
VII		16	Längs- und Querschneidemaschinen
		1	Längs- und Querschneidemaschinen mit Pappscherenschnitt
VII		10	Längs-, Quer- und Schrägschneidemaschinen (Diagonal)
		1	Längs-, Quer- und Zuschneidemaschinen
		2	Lagenfalzmaschinen
I		3	Lederschneidemaschinen
		1	Ledertuch-Auftragmaschinen
		1	Ledertuch-Aufhängemaschinen
VI		8	Leimauftragmaschinen

PAPIERMASCHINEN-VERZEICHNIS

	Gruppe		
VI		3	Leimkocher
VI		6	Leimkochkessel
I	VI	2	Leimrührwerke
VI		1	Leim- und Waschmaschinen
I		3	Lichtdruck- und Steindruckpressen
		3	Lichtpauspapiermaschinen
I		8	Linierapparate
III		4	Liniermaschinen
I		7	Lithographische Pressen (Steindruckpressen)
I		2	Loch- und Fadenknotmaschinen
		1	Loch- und Fassonstanzmaschinen
I	II	14	Lochmaschinen
		7	Loch- und Ösenmaschinen (komb.)
I	II	16	Loch- und Öseneinsetzmaschinen
I	II	8	Loch- und Öseneinsetzmaschinen (automatisch)
I		8	Lochpressen für Papier und Pappe
I		9	Loch- und Stanzmaschinen für Papier und Pappe
IV		1	Lohnbeutelmaschinen
III		2	Luftschlangen-Schneidemaschinen
		1	Lufttrockenapparate
		1	Mangelkalander
		1	Mappen-Etikettiermaschinen
I		5	Marken-Perforiermaschinen
VI		2	Marmoriermaschinen mit automatischen Geradführungen
VI		3	Marmorspritzmaschinen für Marmorpapier
		1	Maschinen zur Herstellung von Einbanddecken
		1	Maschinen für die Flaschenherstellung
I		2	Maschinen zur Herstellung von Harmonikafalten
		1	Maschinen zum Herstellen von perforierten Klosettpapierrollen
		3	Maschinen zur Herstellung von Kugel- und Zwischenlagepapieren
I		2	Maschinen zur Herstellung von Papierlaternen
III		2	Maschinen für Papierpackungen
		1	Maschinen zur Herstellung von Preßvergoldungen auf Holzleiste
		1	Maschinen zur Herstellung von Rohfilms
		1	Maschinen zur Herstellung von Schmirgelleinen und Glaspapier
		1	Maschinen zur Herstellung von Stanniol und zur Zinnfabrikation
		1	Maschinen zur Tabakverarbeitung
		1	Maschinen zur Herstellung von Vulkanfiber
I		4	Maschinen für die Wellpappenfabrikation
I	IV	1	Maseriermaschinen
I		4	Matrizenkalander für Hand- und Kraftbetrieb
I		4	Matrizenpressen (hydraulische)
		1	Matrizenpressen mit Kniehebel
		2	Matrizenschlagmaschinen
		9	Mehrlochstanzmaschinen für Papier und Pappe
		1	Mehrnuten-Biegemaschinen
I		7	Messer für Papier- und Pappschneidemaschinen
		1	Messer für Papier- und Papierschneidemaschinen
		1	Messerschleifapparate
VII		6	Messerschleifmaschinen für alle Arten Rund- u. Querschneidemesser
III		8	Messerschleifmaschinen zum Schleifen von Kreismesern der Papierrollen-Schneidemaschinen

PAPIERMASCHINEN-VERZEICHNIS

	Gruppe		
VI		2	Meß- und Rollmaschinen
III	VI	3	Meß-, Roll- und Schneidemaschinen
		1	Meß- und Teilmaschinen für Spinnpapiere
		1	Meß- und Umrollmaschinen
I		2	Milchflaschenverschlußmaschinen
I		5	Momentausstanzmaschinen
		1	Momentstanzmaschinen
I		3	Monogrammfarbdruckpressen
I		5	Monogrammprägepressen
I		2	Monogrammprägepressen mit Motorbetrieb
I		4	Monogrammstempelpressen (klein)
		1	Mundklappengummiermaschinen
II		6	Musterbeutel-Loch- und Falzmaschinen
I		4	Musterbeutelmaschinen
I	II	4	Musterbeutelverschlußmaschinen
II		8	Musterhefter
II		5	Musterheftmaschinen für stärkste Lagen von Tapeten (Musterbüchern)
VII		8	Musterkalander
I	II	1	Musterrollenverschlußmaschinen
I		9	Musterschneidemaschinen
		1	Musterstechmaschinen zur Herstellung von Papierschablonen für Stickereizwecke
VI		1	Musterwalzenschleifmaschinen
VI		1	Musterwalzen-Wasch- und Trockenmaschinen
VI		2	Nachleimmaschinen für Schmirgelpapier
I		1	Nadelstech-Etikettenautomaten
I		5	Nagelmaschinen zum Annageln von Holzleisten an Koffern usw.
I		5	Naß-, Glätt- und Packpressen
		1	Naß-, Krepp- und Färbmaschinen
II		9	Nietenheftmaschinen
I	II	10	Nietmaschinen für Karton
I		4	Notizbücher-Lochmaschinen
		1	Nudel-Etikettiermaschinen
I		1	Numeriermaschinen — Paginiermaschinen
I		8	Nutapparate
I		7	Nutmaschinen für Papier und Pappe
		1	Nut- und Schneidemaschinen
VI		3	Öldruckmaschinen (Tapetendruckmaschinen)
VI		1	Ölfarben-Grundiermaschinen
		1	Ölfarben-Linierapparate
VI		1	Ölfarben-Tapetendruckmaschinen
		1	Ölkartonmaschinen
		1	Ölstoff-Kleb- und Imprägniermaschinen
I	II	15	Öseneinsetzmaschinen
II		6	Ösenheftmaschinen
I		3	Oval- und Rundschneidemaschinen
I	VI	2	Packböcke
VI		1	Packmaschinen
I	VI	17	Packpressen
		1	Packungen-Etikettiermaschinen

PAPIERMASCHINEN-VERZEICHNIS

	Gruppe		
		2	Packungsmaschinen
		2	Packungsmaschinen (automatisch)
I		3	Paginiermaschinen
		1	Paketiermaschinen
		2	Paketmaschinen (automatisch)
		1	Paketverschließmaschinen
II		3	Pantoffelheftmaschinen
VI		2	Papierabfallpressen
VI	VII	1	Papieranfeuchtmaschinen
		1	Papierbahnenverbinder
		1	Papierballen-Umroll- und Stempelmaschinen
I		4	Papierbohrmaschinen (s. auch Bohrmaschinen)
		1	Papierdurchschneidemaschinen
		1	Papierkräuselmaschinen
		1	Papiergarn-Spinnmaschinen
		1	Papiergarn-Trockenapparate
		1	Papier-, Papiersäcke- und Tütenpackpressen
III		12	Papierrollen-Schneidemaschinen
		1	Papierrollen-Schneide- und Feuchtmaschinen
		2	Papierrollen-Schneide- und Wickelmaschinen
		2	Papierrollen-Schneidemaschinen für Spinnröllchen
		1	Papierrollen-Schneidemaschinen für Spinnpapiere
		1	Papier-Rüsch- oder Toll-Maschinen
VI		5	Papierrollmaschinen
V		9	Papiersackmaschinen
I		16	Papierschneidemaschinen
		1	Papier-Schnellbohrmaschinen
I		4	Papierwalzenpressen
I		4	Papierwalzenpressen (hydraulisch)
		1	Papierzerreißmaschinen
		1	Pappenanleimmaschinen
I		3	Pappenabrundemaschinen
I		5	Pappenabschärfmaschinen
I	III	9	Pappenbeklebemaschinen
I		13	Pappenbiegemaschinen
		2	Pappenbiegemaschinen mit Schlitzeinrichtung
I		7	Pappenbiege- und Stauchmaschinen
I		2	Pappeneinsägemaschinen
I	II	4	Pappenfräsmaschinen
		1	Pappenfräs- und Schneidemaschinen
VI		2	Pappenglättmaschinen
		2	Pappenkantenschrägmaschinen
III		7	Pappenkaschiermaschinen
I		10	Pappenkreisscheren
I		6	Pappenkreisscheren und Rillmaschinen
		1	Pappenkreisscheren Fräs- und Ritzmaschinen
I		8	Pappenkreisscheren und Ritzmaschinen
		1	Pappenkreisscheren und Rill-, Ritz- und Nutmaschinen
		1	Pappenkreisscheren und Doppelrill-, Ritz- und Nutmaschinen
III		6	Pappenlackiermaschinen
		1	Pappen-Maseriermaschinen
I		8	Pappennutmaschinen
II		4	Pappen- und Papierverbindemaschinen

PAPIERMASCHINEN-VERZEICHNIS

Gruppe		
VII	10	Pappensatinierwerke
I	6	Pappenschlitzmaschinen
I	11	Pappenschneide- und Ritzmaschinen
I	8	Pappenschneide-, Ritz-, Rill- und Nutmaschinen
I	4	Pappenschrägmaschinen
	1	Pappenstauchmaschinen
	1	Pappenüberziehmaschinen
	1	Pappenumbiegemaschinen
	1	Pappfässerwickel- und Klebemaschinen
VI		Papphülsen-Durchschneidemaschinen
III	5	Papphülsen-Klebemaschinen
VI	1	Papphülsen-Wickelapparate
I	6	Papphülsenwickel- und Klebemaschinen
I II	4	Pappröhrenverschlußmaschinen
	2	Pappschachtelmaschinen
	1	Pappschachtel-Preßmaschinen
I	23	Pappscheren
	1	Pappscheren mit Abfallvorrichtung
I	8	Pappscheren mit Kreismesser
	1	Pappscheren mit Rollständer
	1	Pappscheren mit Querschneider
	1	Papptafel-Überziehmaschinen
I	4	Papptellerpressen
	8	Papp- und Kartonscheren
VI	6	Paraffinpapiermaschinen
I	2	Passepartout-Klebemaschinen
I	1	Patronenhülsen-Wickelmaschinen
VI	1	Pauspapiermaschinen
Ib	15	Perforiermaschinen
Ib	1	Perforierpressen für Rundreisebillets
VI	1	Photographische Papierbearbeitungsmaschinen
VI	2	Photographie-Taschenmaschinen, auch Maschinen für Filmkassetten, Photographiealbums usw.
	1	Plakatlackiermaschinen
I		Plakatleistenmaschinen
	1	Plakatüberziehmaschinen
I	4	Planschneider
I	1	Plattenkörnmaschinen
	1	Plattenkreisscheren
III	2	Plattenlackiermaschinen für Holz
	1	Plattenscheren
		Plissiermaschinen
	1	Plombier-, Kapsel- und Einwickelmaschinen
	1	Plombiermaschinen
	1	Plombier- und Signiermaschinen
VI	1	Pneumatische Zugwalzen und Zugtische
I	1	Poliermaschinen für Kartonnagen
	2	Polstermaschinen für Kassetten
	2	Polstermaschinen für Zigarettenschachteln
II	1	Postkartenalbenstanzmaschinen
I	4	Postkartenkreisscheren
	1	Postkartenlackiermaschinen
I	5	Prägebalanciers

PAPIERMASCHINEN-VERZEICHNIS

Gruppe		
VII	10	Prägekalander
I	10	Prägemaschinen
	2	Präge- und Druckmaschinen
	1	Präge-, Klebe- und Falzmaschinen für Insektenschutzgürtel
	2	Präge- und Ausstanzmaschinen
I	11	Prägepressen für Papier und Pappe
I	3	Präge- und Schneidemaschinen
	4	Präge- und Vergoldepressen
	1	Präge- und Ziehpressen
I VII	10	Prägewalzwerke
VI	1	Präpariermaschinen
I	5	Pressen (automatisch arbeitend) zur Herstellung von Schachtelzuschnitten usw.)
I	4	Pressen zum Bedrucken von Stoffenden (Stoffballenenden)
I	4	Pressen für Galvanoplastik (hydraulisch)
I	4	Pressen (hydraulische)
	1	Pressen zum Stanzen von Knöpfen
	1	Pressen zum Stanzen des Datums auf Eisenbahnfahrkarten
I	3	Preßpumpen für hydraulische Pressen
	1	Profilierwalzwerke
III	3	Pudermaschinen (zyl.)
III	4	Pudermaschinen — Flach-
II	6	Puppenkopf-Drahtheftmaschinen
V	4	Quadratboden-Beutelmaschinen
	1	Querflach-Heftmaschinen
	3	Querdraht-Heftmaschinen
II	12	Querheftmaschinen
	1	Querbiegemaschinen
VII	17	Querschneidemaschinen
	1	Quer- und Diagonalschneidemaschinen
	1	Querschneidemaschinen für 2 Bahnen
	1	Querschneider
	1	Querschneider für Hand
	1	Querschneider mit Pappscherenschnitt
	1	Quer- und Zuschneidemaschinen
I	4	Räderschneidemaschinen
I	4	Randanleimmaschinen
I	7	Rändelmaschinen
	1	Rändel-, Fälzel-, Einfaß- und Überziehmaschinen
I	6	Rändel- und Überziehmaschinen
	1	Randmustermaschinen
I	4	Registereinschneide- und Druckmaschinen
I	6	Registerkartenstanzen
I	5	Registerschneidemaschinen
I	2	Revolverdreischneider
I	2	Revolverpressen
I	5	Riesbeschneidemaschinen
I	2	Riffelmaschinen
I	1	Riffel- und Sickenmaschinen
I	6	Rillenapparate
I	7	Rillenmaschinen
I	5	Rillenbiegemaschinen

PAPIERMASCHINEN-VERZEICHNIS

			Gruppe	
I			5	Rillendrückmaschinen
I			5	Rill- und Nutmaschinen
			1	Rill-, Nut- und Ritzmaschinen mit Scheibenpappschere
			1	Rill- und Ritzmaschine
			1	Rill- und Ritzmaschine und Stanzpresse
			3	Rill-, Ritz- und Nutmaschinen
			1	Rill- und Stanzmaschinen
I			2	Ringösenmaschinen
VI			3	Rippenkreppmaschinen
I			8	Ritzapparate
I			9	Ritzmaschinen für Pappe
I			7	Ritz- und Nutmaschinen
			2	Ritz-, Nut- und Liniermaschinen
I			9	Ritz-, Rillen- und Schneidemaschinen
			1	Ritz- und Stanzstahllinien
			1	Röhrenhefter
			1	Röhrenwickelmaschinen
			1	Röllchenumwickler
			1	Rollböcke
VI			2	Rollenbarytiermaschinen
VI			2	Rollenbürstmaschinen
V			1	Rollendruckpressen
VI			1	Rollenemulsioniermaschinen
VI			3	Rollenfärbmaschinen
			1	Rollenfärb- und Druckmaschinen (komb.)
			1	Rollenfärb- und Lackiermaschinen (komb.)
VI			9	Rollengummiermaschinen
			1	Rollengummier- und Lackiermaschinen
VI			7	Rollengummier- und Kaschiermaschinen
VII			13	Rollenkalander
			4	Rollen- und Bogenkalander
			1	Rollen- und Friktionskalander
III	VI		7	Rollenkaschiermaschinen
			1	Rollenkaschier- und Gummiermaschinen
VI			7	Rollenklebemaschinen
			1	Rollenklebemaschinen ohne Trockenapparat
			2	Rollenklebemaschinen mit Trockenzylinder
VI			6	Rollenlackiermaschinen
			3	Rollenliniiermaschinen
I			4	Rollenpappscheren
			1	Rollenpapier-Abschneideapparat
			1	Rollenschere
III	VII		10	Rollenschneide- und Feuchtmaschinen
			2	Rollensatinier-Bürstenmaschinen
			16	Rollenschneidmaschinen
			4	Rollenschneid- und Wiederaufwickelmaschinen
			2	Rollenschneidemaschinen mit Feuchtapparat
II			7	Rollenschneidemaschinen zum Schneiden von Klosettrollen und Perforieren
			1	Rollenschneidemsachinen für Spinnpapierröllchen
III	VI	VII	13	Rollenschneid- und Wickelmaschinen
III	VI	VII	9	Roller
VII			7	Rollmaschinen mit 2 Tragwalzen und staubfreiem Schnitt

PAPIERMASCHINEN-VERZEICHNIS

		Gruppe	
VI	VII	8	Rollmaschinen für Tüten-, Tapeten- und Druckpapiere
VI		2	Rollpacker zum Verpacken von Papierrollen
		1	Rollvorrichtungen an Flaschen-Etikettiermaschinen
		1	Romanbücher-Etikettiermaschinen
		1	Rotations-Banderoliermaschinen
		1	Rotations-Doppelstirnseiten-Etikettiermaschinen
		2	Rotations-Druckmaschinen für Fettfarben
		1	Rotations-Druckpressen
		1	Rotations-Etikettiermaschinen
		1	Rotations-Etikettiermaschinen für Trockenelemente
		1	Rotations-Flaschenetikettiermaschinen
		1	Rotations-Kantenanleimmaschinen
		1	Rotations-Kartendruck- und Schneidemaschinen
I		1	Rotationsmaschinen für feststehende und veränderliche Formate
		1	Rotationsmaschinen zur Fabrikation von Kartonnagen und Kredenzstreifen, Aufleger, Tortenpapiere
		1	Rotations-Paket-Etikettiermaschinen
		1	Rotations-Pappen-, Biege-, Ritz-, Nut-, Liniier- und Schneidemaschinen
I		3	Rotations-Rückenleimer
		1	Rotations-Schachtelaufschneidemaschinen
		1	Rotations-Schachtelbanderoliermaschinen
		1	Rotations-Etikettiermaschinen
		1	Rotations-Tabakpaket-Etikettiermaschinen
		1	Rotations-Tiefdruckpressen
		1	Rotationswalzwerk
		2	Rotierende Längs- und Querschneider
		1	Rotierende Längs-, Quer-, Schneid- und Rillmaschinen
		1	Rotiernde Abfüllmaschinen
		2	Rundecken-Einziehapparate
		2	Rundecken-Einziehmaschinen
I		2	Rundecken-Schrägmaschinen
I		8	Rundmaschinen
I	II	2	Rundherum-Einfaßmaschinen
VII		1	Rundmesser-Schleifapparate
VII		2	Rundmesser-Schleifmaschinen
		3	Rundnietmaschinen
		1	Rundscherenmesser
I		2	Rundschneidemaschinen
I		5	Rundstanzmaschinen
I		8	Rundstoßmaschinen
I		5	Rückenbiegemaschinen
I		4	Rückenpreßapparate
I		4	Rückenrundemaschinen
		1	Rückenrunde- und Abpreßmaschinen
		1	Rundlauftütenmaschinen
IV		1	Rundlaufkuvertmaschinen
IV		1	Rundlaufkuvert- und Futtermaschinen
V		1	Rundlaufkuvertmaschinen ohne Schlußklappengummierung
		1	Rundspanner-Büchsenetikettiermaschinen
		1	Rundumeinfaßmaschinen
		1	Rundumetikettier- und Verschlußmaschinen
		1	Rumpf- und Kopfetikettiermaschinen

PAPIERMASCHINEN-VERZEICHNIS

	Gruppe	
III	1	Sackolinklebemaschinen
	1	Samenbeutel-Etikettiermaschinen
IV	1	Samenbeutelmaschinen
VI	2	Satinierbürstmaschinen
	1	Satinierfriktionskalander
VII	13	Satinierkalander
VII	10	Satiniermaschinen
VII	15	Satinierwalzwerke
IV	1	Saugermaschinen mit und ohne Schlußklappengummierung
I	3	Säulenpressen
VI	1	Säureeinreibemaschinen
	1	Schablonenschneidemaschinen
	1	Schablonenbohrmaschinen
	1	Schachtelansetzmaschinen
I	5	Schachtelaufschneidemaschinen
I	9	Schachtelausstanzmaschinen
	2	Schachtelautomat
	1	Schachtelbanderoliermaschinen
I	5	Schachtelbeklebemaschinen (automatische)
	1	Schachtelbeklebe- und Spiegelaufklebemaschinen
	1	Schachtelberändelmaschinen
I	4	Schachteldruckpressen, Schachtelanschließmaschinen und Stückansetzer
	3	Schachtelecken-Schließmaschinen (automat.)
II	1	Schachteleckenschlußmaschinen
	1	Schachtel-Etikettiermaschinen
I	4	Schachtel-Einschlagmaschinen
	1	Schachtelhals-Einsetzmaschinen
	1	Schachtel-Längs-, Quer- und Zuschneidemaschinen
	4	Schachtelmaschinen (automat.)
	1	Schachtel-Scharnier- und Spiegelaufklebemaschinen
	1	Schachtelteile-Anhängemaschinen
I	1	Schachtelteil-Ansetz- und Schachtelschließmaschinen
	3	Schachtelüberziehmaschinen (halbautomatisch) Schachtelziehpressen
I	5	Schachtelziehpressen
	1	Schachtelzuschnittautomaten
	1	Schablonenhefter
	1	Scharnier- und Siegelaufklebemaschinen
	1	Schaumweinflaschen-Ausstattungsmaschinen
	1	Scheidenklebemaschinen
	1	Schiebermaschinen für Ausstellungsarbeiten
	1	Schieberschachtelpressen
	1	Schieberschachtel-Scheidenklebemaschinen
	2	Schlagradpressen
I	2	Schlauchmaschinen
	2	Schlauch-, Hülsen- oder Hohlrückenmaschinen
	1	Schleifmaschinen und Roller für Ledertuch
	1	Schleif- und Körnmaschinen
	1	Schlitz- und Biegemaschinen
	1	Schlitz- und Eckenausstanzmaschinen
	10	Schlitz- und Eckenausstoßmaschinen
I	7	Schlitzeinschneidemaschinen

PAPIERMASCHINEN-VERZEICHNIS

Gruppe		
II	1	Schlitzloch-Perforiermaschinen
I	11	Schlitzmaschinen für Pappe und Papier
	1	Schlitz- und Winkelschnittmaschinen
IV	3	Schlußklappen-Gummiermaschinen für Umschläge
	1	Schmalschnittmaschinen
VI	2	Schmirgelpapiermaschinen
	1	Schneidemaschinen mit automatischem Vorschub
I	7	Schneidemaschinen für von der Haspel kommende Papiere
I	8	Schneidemaschinen für Leder, Wachstuche usw.
I	14	Schneidemaschinen für Papier und Pappe
	1	Schneidemaschinen für gesenkten und gekröpften Schnitt
	2	Schneidemaschinen (oszillierende)
I	7	Schneidemaschinen für Rollen
I	1	Schneidemaschinen für Stahl- und Messinglinien
	2	Schneid- und Ritzmaschinen
	1	Schneid- und Nutmaschinen
	1	Schneid- und Rillmaschinen für Wellpappe (komb.)
	1	Schneid- und Wickelmaschinen
	1	Schnellanschmiermaschinen
I	3	Schnelldreischneider
I	2	Schnellhobelmaschinen für galvanoplastische Zwecke
VI	1	Schnellpackmaschinen
	1	Schnellpresse für Siegelmarken
I	3	Schnellroller
I	7	Schnellschneidemaschinen
	1	Schnellperforiermaschinen
	2	Schnellprägepressen
III		Schmierapparate für Rollen
III	1	Schnürmaschinen
	1	Schokoladentafeln-Streifenumlegemaschinen
I	4	Schrägmaschinen
	1	Schrägschnittmaschinen
	3	Schreibheft-Etikettiermaschinen (automatisch)
I	4	Schriften-Einprägeapparate
	1	Schulbücher-Etikettiermaschinen
	1	Schuhsohlen-Anleimmaschinen
VI	1	Seidenpapier-Färbmaschinen
VI	1	Seidenpapierfärb- und Kreppmaschinen
V	2	Seitenfalten-Beutelmaschinen
I	1	Selbstfärbende Abziehpressen für Bogen
	1	Selbstroller
III	1	Serpentinschneidemaschinen
I	1	Sicken- und Riffelmaschinen
I	3	Siegelmarkendruck- und Prägepressen
III	2	Siegelmarken-Gummiermaschinen
	2	Siegelmarkenpressen
I	1	Siegelmaschinen
I	2	Siegeloblatenmaschinen
I	2	Siegel- und Etikettendruck- und Prägepressen
II	3	Sohlenheftmaschinen
III	3	Sohlenklebemaschinen
	1	Sortimentsabpreßmaschinen
I	4	Spannrahmen für Stanzklötze

PAPIERMASCHINEN-VERZEICHNIS

		Gruppe	
I		5	Spezialmaschinen für Rundschachteln
VI		1	Spezialnachdruckmaschinen
		1	Spiegel- und Scharnieraufklebemaschinen
		1	Spiegelaufklebemaschinen
I		2	Spiegelkarten-Stanzmaschinen
I		6	Spindelpressen
		3	Spindelpressen (einarmige)
VI		6	Spinnpapierschneid- und Wickelmaschinen
I		1	Spitzen- und Flügeleinklebemaschinen (automatisch)
		1	Spitzenpapier-Anleimmaschinen
I		3	Spitzenprägemaschinen
		1	Spitzenwalzwerk
V		3	Spitztütenmaschinen (mit und ohne Druck)
		1	Splintheftmaschinen
I		3	Sprengstoffhülsenmaschinen
		1	Sprungrückenbiegemaschinen
I		3	Sprungrückenpressen
I		3	Sprungrückenrundemaschinen
		2	Stabeinleger (kettenlose)
		1	Stabeinleger mit Kettenbetrieb
		3	Stabein- und Ableger (selbstt.)
		1	Stabfänger und automatische Stabeinleger
I		1	Stahlstichschnellpressen
		1	Stanniol-Etikettier-, Banderolier- und Einwickelmaschinen
		3	Stanniolrollen-Schneidemaschinen
I		1	Stanniolscheren
		3	Stanniolschneidemaschinen
I		4	Stanzklötze
		1	Stanzmaschinen für Asbest
I	II	15	Stanzmaschinen für Papier und Pappe
I		5	Stanzmesser
IV		1	Stanzmesser für Beutel und Umschläge
		1	Stanzpressen, Stanzmesser und Prägeformen
		1	Stanzstahllinien
		1	Stapelrollen
I		4	Stauchmaschinen
		1	Steifbeutelmaschinen (automatisch)
		1	Stechmaschinen für Hand
		1	Stechmaschinen für Fuß
I		7	Steindruckpressen
		5	Steindruck-Handhebelpressen
		1	Steindruck-Schnellgangpressen
		6	Steindruck-Tritthebelpressen
VI		4	Steinglättmaschinen
III		3	Steinschleifmaschinen
VI		1	Stempelapparate zu Meß-, Roll- und Schneidemaschinen
VI		1	Stempelmaschinen für Tapeten und Borden
I		2	Stempelpressen
		1	Stenzylpapiermaschinen
		1	Stereotypapparate
I		1	Stereotypieeinrichtungen nebst sämtlichen dazugehörigen Hilfsmaschinen und Apparaten
I			Stereotypiefräsmaschinen

PAPIERMASCHINEN-VERZEICHNIS

Gruppe			
I			Stereotypiekreissägen
III		3	Steuerstreifen-Banderoliermaschinen
		1	Stiftmaschinen
I		9	Stockpressen
I		4	Stoffmuster-Schneidemaschinen
I		3	Stoffscheren
VI		2	Streichbürsten-Trockenmaschinen
I	VI	5	Streichmaschinen (auch Färbmaschinen gen.)
		1	Streifen-Aufklebemaschinen (automatisch)
III		2	Streifen-Gummier- und Lackiermaschinen
		1	Gummiermaschinen
I		1	Streifenscheren für Papier und Pappe
		1	Streifenscheren mit Kreismesser
		9	Streifenschneidmaschinen
		1	Streifenschneid- und Rollenmaschinen
		1	Streifen- und Rollen-Schneidemaschinen
		1	Streifen-Umlegemaschinen
VI		2	Streumaschinen für Schmirgelpapier
		1	Tabak-Banderoliermaschinen
III		5	Talkumiermaschinen (Zyl.)
III		3	Talkumiermaschinen (Flach)
VI		1	Tapetendruck-Automaten für Leimfarben
I	VI	4	Tapeten-Druckmaschinen
VI		2	Tapeten-Grundiermaschinen
		1	Tapeten-Hausdruck-Tische
I	VI	6	Tapeten-Schneidemaschinen
VI		1	Tapeten-Stempelmaschinen
VI		1	Tapeten-Transportwagen
		1	Teilmaschinen für Spinnpapiere
		1	Teilperforiermaschinen
		1	Telegraphenrollen-Schneidemaschinen
		1	Tellermesser-Schleifmaschinen
I		1	Tekturenmaschinen und Pressen
I	VI	1	Tiefdruckmaschinen für Buntpapier und Tapeten
VI		1	Tiefdruckmaschinen für Sanitary-Tapeten und Abziehpapiere
		6	Tiegeldruckpressen
		1	Toilettenpapierrollen-Schneidemaschinen
I	VI	1	Transporttische
IV		1	Trauerrand-Druckmaschinen
		1	Trennapparate für Spinnteller
I		8	Tritthebelpressen für Papier und Pappe
		2	Tritthebelumdruckpressen
I	VI	3	Trockenapparate für Buntpapier und Tapeten
		2	Trockenapparate für gummierte Rollen
		1	Trockenapparate für Papiergarn
I	III VI	6	Trockeneinrichtungen zu Lackier- und Gummiermaschinen
		1	Trockenelemente-Etikettiermaschinen
VI		3	Trockenmaschinen für Streichbürsten
		1	Trockenpressen
		1	Tuchmuster-Schneidemaschinen
		1	Tüten-Etikettiermaschinen
I	II	2	Tütenhenkelmaschinen

PAPIERMASCHINEN-VERZEICHNIS

	Gruppe			
I	IV	V	12	Tütenmaschinen
			5	Tütenmaschinen (automatisch)
I			4	Tüten- und Beutelschneidemaschinen
I	V		4	Tüten-Bohr- und Aufnadelapparate
I			5	Tüten-Schneidemaschinen
			1	Tütenpackpressen
I				Typenperforierzangen
I			4	Überziehmaschinen
			4	Überzieh- und Rändelmaschinen
I			2	Umbiege-Form- und Klebemaschinen zur Etuisfabrikation
I			4	Umdruckmaschinen
			2	Umdruckmaschinen
				Umlaufmaschinen für ausgelaufene Rotationsrollen
II			4	Umlegezungen-Drahtheftmaschinen
II			3	Umlegeklammern-Anpreßmaschinen
			1	Umlegemaschinen für Streifen
			1	Ummäntelungsmaschinen
VII			8	Umroll- und Feuchtmaschinen
			1	Umroll- und Meßmaschinen für Tapeten
III			12	Umrollmaschinen
				Umrollmaschinen für glatte Papiere, Metallpapiere usw.
III	VI	VII	8	Umrollmaschinen für ausgelaufene Rotationsrollen
III			4	Umrollmaschinen für beschädigte schmale Papierrollen
VII			7	Umroll-Schneide- und Feuchtmaschinen
III			7	Umroll- und Wickelmaschinen
			1	Umroller und Vorroller
I			1	Umschlagrücken-Anleimmaschinen
III	VI	VII	1	Umwickelstuhl mit Richtbahn
			1	Umwickelmaschinen für kleine Röllchen
I			4	Universal-Druck- und Stanzautomat für gedruckte und geprägte Packungen
I			7	Universal-Stanzmaschinen
			1	Universal-Stanzmaschinen für Asbestschiefer
III			1	Universal-Tafel-Lackiermaschinen
I			10	Vergoldepressen
I			6	Vernichtungsmaschinen
I			2	Vernichtungsmaschinen für Fahrkarten
			3	Verny-Schneidemaschinen
III			2	Verpackungsmaschinen
			2	Versandschachtel-Biegemaschinen
II			4	Versandschachtel-Heftapparate
			5	Versandschachtel-Heftmaschinen
IV			5	Versandtaschenmaschinen
I	II		3	Versandtaschen-Verschlußmaschinen
II			5	Verschlußmaschinen
			1	Verschluß-Etikettier- und Einwickelmaschinen
			1	Verstärkungsbänder-Wickelmaschinen
			1	Vierschneider
I			5	Vierseiten-Beschneidemaschinen
I			1	Visitenkartendruckmaschinen
			1	Vorbereitungsmaschinen für Emulsion
			1	Vorpräparations- und Emulsionsmaschinen für Film

PAPIERMASCHINEN-VERZEICHNIS

			Gruppe	
III	VI	VII	3	Vorroller mit Geschwindigkeitsregler und Feuchter
			1	Vorschneidemaschinen
I			3	Vulkanfiber-Biegemaschinen
VI			3	Vulkanfibermaschinen
I			2	Vulkanisierpressen
VI			3	Wachspapiermaschinen
			2	Wachs- resp. Paraffinpapier-Maschinen
			1	Wachsstreifen-Ziehmaschinen für Rollen und Bogen
I	IV	VI	11	Walzendruckmaschinen
			1	Walzenprüfapparate
I			6	Walzwerke
I			4	Walzwerke zum Ausschneiden
I	VII		13	Walzwerke zum Glätten (Satinieren)
VII			3	Walzwerke für Deckelprägungen
VII			2	Walzwerke für Blechstreifen
			8	Walzwerke für Zinkplatten Satinage
			1	Waschmaschinen für Trockenplatten
VI			7	Wasserzeichenpapier-Querschneider
I			2	Wasserzerstäuber
			1	Weißeinreibmaschinen
			1	Weißeinreib-, Talkumier- und Abstaubmaschinen
VI			5	Wellpappenbeklebemaschinen
I			6	Wellpappenkreisscheren
VI			5	Wellpappenmaschinen
II			11	Wellpappenheftmaschinen
			1	Wellpappen-Kaschiermaschinen
			1	Wellpappen-Schneidemaschinen
			1	Wellpappen-Verny-Schneidemaschinen
II			2	Wendekopfnietmaschinen
I			1	Werkzeugschleifmaschinen zum Schleifen der Werkzeuge für Buchbindereien usw.
VI			3	Wickelapparate
VI			4	Wickelmaschinen
			1	Wickelmaschinen für Hülsen
			1	Wickelmaschinen für Verstärkungsbänder
			1	Wickel- und Klebemaschinen
III	VI	VII	5	Wickel- und Schneidemaschinen
III			2	Wiege-, Füll-, Schließ- und Etikettiermaschinen
			1	Winkel-Wasserwagen
I			5	Zackenmuster-Schneidemaschinen
			1	Zähl- und Verpackungsmaschinen
I			2	Zargenbrennapparate
I			1	Zargen-Gummierrollen
I			2	Zargenlinier- und Glattmaschinen
I			3	Zargenriffelmaschinen
I			6	Zargen-Schneidemaschinen
			1	Zeichenblock-Doppel-Einfaßmaschinen
I			2	Zeichenpapier-Körnmaschinen
			3	Zeichenpapier-Schneidemaschinen
			1	Zetteldruck-Maschinen
I			2	Ziehformen für Pappe
			1	Ziehpressen (horizontal)

PAPIERMASCHINEN-VERZEICHNIS

		Gruppe	
I		6	Ziehpressen für Pappe
		1	Ziehpressen (doppelständrig)
I		3	Ziehwerkzeuge für Pappe
		1	Zifferwerke (automatisch)
I		1	Zifferwerke zu Paginier- und Numeriermaschinen
		1	Zigarettenblechschachteln-Streifen-Umlegemaschinen
		1	Zigarettenhülsen-Maschinen
III		5	Zigarettenpapier-Rollenschneidemaschinen
I		7	Zigarettenpapier-Schneidemaschinen
		2	Zigaretten-Schachtelstanzen
		1	Zigaretten-Scheiden-Klebemaschinen
I		6	Zigarettentaschen-Ausstanzmaschinen
		1	Zigarren-Banderoliermaschinen
		1	Zigarrentaschen-Maschinen
III		1	Zigarettenzähl- und Verpackungsmaschinen
I		4	Zinkdruckpressen
		1	Zink-Schleifmaschinen
III		2	Zinkplatten-Körnmaschinen
		1	Zinnfolien-Schmalschnittmaschinen
		1	Zirkularmesser-Schleifmaschinen
		2	Zugapparate (pneumatisch)
		1	Zugtische
I	VI	1	Zufalter und Kniffer
I		3	Zusammentragmaschinen zum Sammeln von Bogen, Blättern, Bildern, Kartons, Lagen
		1	Zuschnitt-Automaten
I		1	Zuschnitteile-Anhängemaschinen
I		1	Zündholz-Druckmaschinen
		1	Zündholzpackungen-Banderoliermaschinen
		1	Zweifarben-Rollendruckpressen
		1	Zweilinien-Perforiermaschinen
		1	Zweiseiten-Anleimmaschinen
I		3	Zweiseiten-Beschneidemaschinen
VI		3	Zweiseitige Färbemaschinen
VI		2	Zweiseitige Satinier-Bürstmaschinen
		1	Zwillings-Ausstanzmaschinen
		2	Zwillings-Eckenausstanzmaschinen
		1	Zwillings-Eckenrundstoßmaschinen
		1	Zwillings-Kopierseiden-Schneidemaschinen mit Perforiereinrichtung
		1	Zwillingspressen
		2	Zwillings-Rillen-, Nut- und Ritzmaschinen
		1	Zwillings-Schnellprägepressen
		1	Zwirn- und Schnürmaschinen
III		3	Zylinder-Bronziermaschinen
		1	Zylinder-Bronzier- und Abstaubmaschinen
VI		1	Zylinder-Färbmaschinen
		3	Zylinder-Färbmaschinen für Buntpapier
III		6	Zylinder-Lackier- und Gummiermaschinen

PAPIERMASCHINEN-VERZEICHNIS

Druckmaschinen.

A. Druckmaschinen.

1. Tiegeldruckpressen für Hand-, Fuß- und Kraftbetrieb.
Tiegeldruckpressen mit Tellerfarbwerk (auch die sog. Boston-, Gordon- und Libertypressen).
Tiegeldruckpressen ohne Farbwerk (Prägepressen, Stanzpressen, Stahlstichpressen usw.).
Tiegeldruckpressen mit Zylinderfarbwerk (Steindruck-, Tiegeldruckpressen Stahlstichpressen mit Farbwerk usw.).

2. Flachformschnellpressen für Flachdruck, Steindruck, Hochdruck und Tiefdruck.
(Schnellpressen für Hochdruck mit Eisenbahnbewegung, mit Rollenführung, mit Kreisbewegung, Doppelmaschinen, Zweifarbenmaschinen, Eintourenmaschinen, Zweifarbenauch (Zweitourenmaschinen und sog. Zweitouren-Rotationsmaschinen) Chromotypie-Maschinen, Steindruckschnellpressen, Steindruckschnellgangpressen [sog. Offsetmaschinen], Blechdruckschnellpressen, Zinkdruckschnellpressen, ferner die sog. Flachsatz-Rotationsmaschinen und Depeschendruckmaschinen).

3. Rotationsdruckmaschinen für Flachdruck, Hochdruck und Tiefdruck.
(Zeitungsrotationsdruckmaschinen, Illustrationsrotationsdruckmaschinen, Rotationsdruckmaschinen, für veränderliche Formate, Fahrscheinrotationsdruckmaschinen, Kassenblockrotationsdruckmaschinen [Offsetmaschinen, Zinkdruck-, Blechdruckrotationsmsachinen].)

4. Handpressen.
(Flachformhandpressen, Steindruckhandpressen, Kupferdruckhandpressen, Korrekturabziehapparate.)

B. Hilfsapparate.

1. Stereotypieapparate für Flach- und Rundstereotypie.
(Fräsmaschinen, Kantenstoßmaschinen, Hobelmaschinen, Drehbänke, Kreissägen usw. für Flachstereotypie, ferner Rundstereotypie: Schnellgießanlagen, Plattenbearbeitungsmaschinen Schmelzöfen, Trockentrommeln, Maternscheren, Gießapparate, Bohrapparate, Adjustierapparate, Rauter, Kopffräserapparate, Rippengießapparate, Kalander, Schließ- und Trockenrahmen, Einguß eimer, Krätzlöffel usw.)

2. Anlege- und Auslegeapparate:
Für Schnellpressen und Rotationsmaschinen (auch Anlege- und Auslegetische).

3. Falzapparate für Schnellpressen und Rotationsmaschinen.

FIRMEN-VERZEICHNIS

VII.
Firmenverzeichnis.

Im nachfolgenden Verzeichnis sind die Werke, die Papierverarbeitungsmaschinen und Druckmaschinen herstellen, alphabetisch geordnet. Zugrundegelegt sind die Unterlagen von 145 deutschen Werken, die Papierverarbeitungs-Maschinen bauen und von 44 Werken, die Druckmaschinen herstellen.

Verzeichnis der Papierverarbeitungsmaschinen-Fabriken.

(Arabische Zahlen geben Mitgliedschaft und Gruppenzugehörigkeit im PMV an.)

PMV	Firma	Sitz
1, 2, 3, 6	Aktiengesellschaft für Cartonnagen-Industrie	Dresden-N.
	Apparatebau-Anstalt Fischer	Frankfurt a. M.
	R. Auerbach	Berlin SO 36
2	Auerbach & Eisermann	Chemnitz
	E. Bartsch	Gautzsch b. Leipzig
	Ph. Bastian	Speyer (Rhein)
	Bauchwitz-Pscherer, A.-G.	Leipzig
1	Bautzner Industriewerk, A.-G.	Bautzen
1, 3	Billhöfer, Richard	Nürnberg
	Blank	Berlin
	Boettcher, Carl, Inh. Paul Weinert	München
	Bolle & Jordan	Berlin SO 26
	Böhl & Weinert	Hickeswagen (Rheinld.)
	Brandiser Maschinenfabrik Gustav Münzel	Brandis
	Brause, Oskar	Berlin
2	Brehmer, Gebr.	Leipzig-Plagwitz
	Brücher & Co.	Radevormwald
1, 2	Buchbinderei- u. Kartonnagenmaschinenbau G. m. b. H.	Leipzig-A.-Cr.
	Cohn & Co.	Berlin
	Collin, Carl	Offenbach
	„Cyklop", Dierrwiebel & Weidemann	Dresden
	Dentler & Maas	Düsseldorf
4	Dietz & Listing	Leipzig-Reudnitz
	Dietzel, Hugo	Hannover
2	Drahtheftmaschinenfabrik Wilhelm Mallin	Leipzig-Leutzsch
1, 7	Eck & Söhne, Joseph	Düsseldorf
	Eckner, Bernhard, G. m. b. H.	Berlin SO 33
	Eisermann	Chemnitz
3	Felber & Co.	Chemnitz-Gablenz
1, 2, 3, 4	Fischer & Co., R. Ernst	Berlin
6	Fischer, Julius	Nordhausen
5	Fischer & Krecke, G. m. b. H.	Bielefeld
4	Fischer & Wescher	Elberfeld

FIRMEN-VERZEICHNIS

PMV	Firma	Sitz
1	Fomm, August	Leipzig-Reudnitz
	Fortuna-Werke, Albert Hirth	Cannstatt-Stuttgart
	Frematit, G. m. b. H.	Hamburg
	Frenzel, Wilhelm	Radebeul-Dresden
	Füllner, H.	Warmbrunn (Schles.)
	Gäbel, Richard	Dresden-A.
2	Gaitzsch, C. E.	Chemnitz
1, 3, 7	Gandenbergersche Maschinenfabrik Georg Goebel	Darmstadt
2	Gebler, Karl	Leipzig-Plagwitz
6	Germawerke A.-G.	Hamburg, Esplanade, Fabrikstation: Ellerau Quickborn i. H.
	Godromwerke, Gebr. Otto und Dr. Oskar Müller	Berlin O 17
	Golzern Maschinenbau-Anstalt	Grimma
	Gose & Werner	Halle a. d. S.
1, 3, 6, 7	Grahl & Höhl	Dresden-A. 24
3	Guschky & Tönnesmann	Düsseldorf-Reisholz
2	Gutberlet & Co.	Mölkau b. Leipzig
2	Haug, Constantin	Göppingen
3, 7	Haubold, C. G., A.-G.	Chemnitz
	Heidenhein, W.	Berlin
3	Heim & Co., Friedrich, G. m. b. H.	Offenbach a. M.
	Heim, Wilh. Ferdinand	Offenbach a. M.
	Heinemann	Bielefeld
	Henke, Otto	Dresden
2	Herfurth & Heyden, G. m. b. H.	Leipzig-Stö.
5	Hesser, Fr., A.-G., Maschinenfabrik	Cannstatt-Stuttgart
6, 7	Hiedmann, Jean	Köln
	Hirtschulz	Berlin-Lichtenberg
1	Hogenforst, A.	Leipzig
5	Honsel & Co., Fr.	Bielefeld
1, 2	Hoppe & Co., O. Nachfl.	Leipzig
	Horn, Hugo	Leipzig
	Horn & Schneiden	Coswig i. Sa.
	Hoßfeld & Dirks	Leipzig-Li.
	Hoyer, Kurt	Borsdorf
1, 3, 5, 7	Jagenberg Werke Akt.-Ges.	Düsseldorf
	Jespen Sohn	Flensburg
1	Kahle, Emil	Leipzig-Paunsdorf
	Dr. Katz	Berlin
4	Kaul & Förster	Berlin
1, 2	Keese, Friedrich	Stuttgart
3, 6	Keller & Co.	Niederhone
3, 6	Kellner, Walter	Barmen-Wichlinghausen
1	Kies & Gerlach	Stuttgart
7	Kleinewefers & Söhne, Johann	Krefeld
4	Klinger & Co.	Berlin
3	Kohlbach & Co., G. m. b. H.	Leipzig-Li.
3	Kospoth & Co., Kom.-Ges.	Zeulenroda
1, 6, 7	Krause, Karl	Leipzig-A.-Cr.
6	Kroenert, Max, Maschinenfabrik	Altona-Ottensen

FIRMEN-VERZEICHNIS

PMV	Firma	Sitz
7	Krupp, Friedr., A.-G.	Essen
6	Kutzscher, Fr. Wilh.	Deuben-Dresden
	Lämmerhirt & Co.	Leipzig-Li.
	Lämmerhirt, Felix	Brandis-Leipzig
1, 2	Lasch & Co., C. L.	Leipzig-Reudnitz
1, 3	Laube, Kurt & Rudolf	Dresden-A.
3	Leipziger Schnellpressenfabrik A.-G. vormals Schmiers, Werner & Stein	Leipzig
	Leos Nachf., Wilh.	Stuttgart
	Libroma, Liniier- und Bronzier-Maschinen G. m. b. H.	Leipzig-Li.
1	Liebscher & Sohn	Groß-Schönau i. Sa.
1, 7	Mansfeld, Chn.	Leipzig-Paunsdorf
	Märk. Perforiermaschinenfabrik	Berlin SO 26
2	Maschinenfabrik Automat	Oberursel
7	Maschinenfabrik zum Bruderhaus	Reutlingen
	Maschinen- und Apparatebau-Anstalt	Pirna
	Maschinen- und Apparatebau-Anstalt Rheydt	Rheydt
2	Maschinen- und Kartonnagen-Werke	Berlin N 39
	Maschinen für Massenverpackung G. m. b. H.	München
	Maul, Wilhelm	Dresden-A. 27
	Mayfarth	Frankfurt a. M.
	Meeh, Eduard	Pforzheim
	Munitionswerke Germania A.-G.	Hamburg
3, 6, 7	Müller, Friedrich	Potschappel-Dresden
3	Müller & Montag, Deutsche Maschinen- und Papierindustrie-Werke, G. m. b. H.	Leipzig-Li.
	Neidhardt, Curt.	Wurzen
	Paal's Packpressenfabrik	Osnabrück
4	Pahlitzsch, Bruno	Berlin SO 61
	Peege, Hugo	Leipzig-Reudnitz
	Popien & Ruben	Berlin S 14
4	Pott, Ernst, Maschinenfabrik	Barmen
	Prakma, G. m. b. H.	Berlin N 20
1, 2	Preusse & Co., G. m. b. H.	Leipzig-A.-Cr.
1	„Progress"-Maschinenfabrik	Dresden
	Quarck, Ernst	München
3, 6, 7	Radebeuler Maschinenfabrik Aug. Koebig, G. m. b. H.	Radebeul-Dresden
1, 3	Reinhardt, C. E.	Leipzig-Co.
	Renger, Joseph	Düsseldorf
	Riese & Pohl	Berlin-Hohenschönhausen
	Rikur, K. Kurt Richter	Leipzig
	Sächsische Cartonnagen-Maschinen-A.-G.	Dresden
4	Sandner & Freund	Leipzig
	Sandow, G. m. b. H.	Berlin
	Schmidt, Albert	Leipzig
	Schneider, Guido	Rochlitz
	Speckbötel, Th.	Hamburg
	Spieß, Georg	Leipzig-R.
	Spoerl, J. H.	Düsseldorf

FIRMEN-VERZEICHNIS

VDD	Firma	Sitz
	Stein, G.	Leipzig
	Steinmesse & Stollberg, G. m. b. H.	Nürnberg
	Stokes & Smith Co., G. m. b. H.	Barmen
	Stolberg, H. F.	Offenbach a. M.
4, 5	Tellschow, Gebr.	Berlin SO
	Thiele & Maiwald	Glatz
	Tischendorf	Gera-Reuß
	Uhlmann & Elsner	Dresden
6	Vasanta A.-G., Abt. vorm. Dörstling & Bartholomy, Maschinenfabrik	Dresden
	Walterwerke	Leipzig
	Wenzel, Max	Berlin
3	Will, E. C. H.	Hamburg
5	Windmöller & Hölscher, G. m. b. H.	Lengerich (Westf.)
	Zimmermann, F. H.	Berlin

Verzeichnis der Druckmaschinenfabriken.

(Arabische Zahlen geben Mitgliedschaft und Gruppenzugehörigkeit im VDD an, * bedeutet: auch Mitglied des PMV.)

VDD	Firma	Sitz
1, 3, 4, 7, 8, 9	Maschinenfabrik Augsburg-Nürnberg	Augsburg
	Stokes & Smith	Barmen-Wichl.
2	*Bautzner Industriewerk A.-G.	Bautzen
9	Vereinigte Maschinenfabriken Riese & Pohl Nachflg.	Berlin-Hohenschönhausen
2	Deutsche Buchdruckmaschinengesellschaft m. b. H.	Berlin S 42
8	Königs-Bogenanleger-Maschinenfabrik	Berlin-Grunewald
	Küstermann & Co.	Berlin N 20
	F. A. Zimmermann	Berlin O 27
	Gutenberghaus Franz Franke	Berlin-Schöneberg
1, 4, 5	Schnellpressenfabrik I.-G. Mailänder	Cannstatt-Stuttgart
1, 2, 4	Dresdner Schnellpressenfabrik A.-G.	Coswig i. Sa.
7	*Gandenbergersche Maschinenfabrik G. Goebel	Darmstadt
1, 2	Rockstrohwerke A.-G.	Dresden-Heidenau
	Grosse & Kurz	Dresden
	Vicum & Co.	Erfurt
1, 2, 3, 4, 5, 7, 8, 9	Schnellpressenfabrik Frankenthal A.-G.	Frankenthal
	Harth & Co.	Frankfurt a. M.
	Michael Kämpf	Frankfurt a. M.
1, 4, 5, 8	Maschinenfabrik Johannisberg G. m. b. H.	Geisenheim a. Rhein
	Heidenreich & Harbeck	Hamburg-Barmbeck
1, 2	Schnellpressenfabrik Heidelberg A.-G.	Heidelberg
	Bohm & Kruse	Hemelingen bei Bremen
2	Kamenzer Maschinenfabrik Gebr. Heidsiek	Kamenz

FIRMEN-VERZEICHNIS

VDD	Firma	Sitz
	Ernst Böhmker	Kiel
4, 5	*Leipziger Schnellpressenfabrik A.-G.	Leipzig
2, 9	*Maschinenfabrik A. Hogenforst	Leipzig
1, 2, 8, 9	J. G. Schelter & Giesecke	Leipzig
5	Hugo Koch, Schnellpressenfabrik	Leipzig-Co.
8	Maschinenfabrik Kleim & Ungerer	Leipzig-Leutzsch
2, 9	*Emil Kahle	Leipzig-Paunsdorf
8	Georg Spieß	Leipzig-Plagwitz
1, 9	Kempewerk	Nürnberg
5	Steinmesse & Stollberg G. m. b. H.	Nürnberg
2	A.-G. für Schriftgießerei und Maschinenbau	Offenbach a. M.
4, 5	Faber & Schleicher A.-G.	Offenbach a. M.
2	*Friedrich Heim & Co., G. m. b. H.	Offenbach a. M.
	Max Simmel	Pforzheim
3, 4, 7, 9	Vogtländische Maschinenfabrik A.-G.	Plauen i. V.
	Aktiengesellschaft Eisenhammer	Thalheim i. Erzgeb.
1	Bohn & Herber, Maschinenfabrik	Würzburg
1, 3, 7, 8, 9	Schnellpressenfabrik König & Bauer A.-G.	Würzburg

BRANCHEN-VERZEICHNIS

VIII.
Branchenverzeichnis.

Das Branchenverzeichnis stellt den Abnehmerkreis einer Maschinenfabrik dar, die Papierverarbeitungsmaschinen baut. Die vielseitige Verwendbarkeit einer großen Anzahl von Papierverarbeitungsmaschinen ist daraus ersichtlich, ebenso die Gebiete, die außerhalb der Papiermaschinen-Industrie kaufmännisch und werbetechnisch zu bearbeiten sind.

1. Buchbindereien
   Bilderrahmengeschäfte
x Buchbindereien

2. Geschäftsbücherfabriken, Großbuchbindereien, Album
x Album
   Bilderbücher
   Briefmarkenalbum
   Briefordner
x Gebetbücher
x Geschäftsbücher
   Geographische Anstalten
x Großbuchbindereien
   Lehrmittel, Schulwandtafel
   Mappen
   Postkartenalbum
x Schnellhefter
   Schreibhefte
   Kontorbedarfsartikel, Kontobücher
   Baumaterialien

3. Buch- und Steindruck-, Lithogr. Anstalten
   Banderolen
   Billett
   Buchdruckerei
x Chromolithogr. Anstalten
   Großdruckerei
   Graphische Kunstanstalten
x Kunstdruckerei
   Linieranstalten
x Lithogr. Anstalten
   Plakate
   Postkarten
   Steindruckerei
   Zeitungsdruckerei

4. Besondere Druckverfahren
   Autotypie, Schriftgießerei
   Blechdruckerei
   Chemigr. Anstalten
   Galvanoplastische Anstalten
   Gravieranstalten
   Heliographie
   Klischees
   Kupferdruckerei
   Lichtdruckerei
   Lichtpausanstalt
   Maler und Radierer
   Meteorologische Institute
   Plandruckerei
   Vervielfältigungsapparate

5. Vergolde- und Prägeanstalten
   Bilder und Landkarten, plastische
   Blindenschrift
x Christbaumschmuck
   Devotionalien, Kirchliche Kunstanstalten
   Kalenderrückwände
   Kranzschleifen
   Papierbuchstaben
x Prägeanstalten
x Reklameartikel
   Sargverzierungen
   Spitzenpapier
   Vergoldeanstalten

6. Behörden, Museen, staatliche, städtische und private Anstalten, sowie Hausbuchbinderei und Hausbuchdruckerei
   Anstalten, staatliche, städtische u. private
   Behörden
   Berg- und Hüttenwerke
   Bibliotheken
   Bureaus, Patentbureaus, Patentanwälte usw.
   Eisenbahnverwaltungen
   Erziehungsanstalten
   Gefängnisse
   Hausbuchbinderei
   Hausbuchdruckerei
   Heil- und Pflegeanstalten

BRANCHEN-VERZEICHNIS

Industriebetriebe, große
Kaufhäuser
Klöster
Konsumvereine
Lesezirkel
Marine- und Militärverwaltungen
Missionsanstalten
Museen
Postämter
Postscheckämter
Schulen (Fachschulen, Volksschulen usw.)
Straßen- und Wasserbauämter
Universitäten
Versandgeschäfte
Waisenhäuser

7. Buchhandlungen und Verlagsbuchhandlungen, Kunsthandlungen.

8. Papier- und Pappenfabriken

Asbest
Asphaltpappe
x Briefpapier
Bunt- und Chromopapier
Chromopapier und -Karton
Dachpappe
Holzstoff
Hygrosit
Jaquardpappe
Papier
Gummierte Papiere
Photograph. Papiere
Präparierte Papiere
Pappen
Pergamin
Preßspan
Wellpappe
Zellulose
Zigarettenpapier

9. Papier- und Pappen-Großhandlungen

10. Papierwaren- und Etikettenfabriken

x Blätter und Blumen, künstliche
x Briefkassetten
x Briefpapier
x Briefumschläge
Etiketten
x Fliegenfänger
Kalenderblocks
x Kohlepapier
Kreppapier
Lampenschirme
Luxuspapiere

Musterkarten
Papierhandlungen
x Papierspitzen
x Papierspulen
x Papierwäsche
x Papierwaren
Schnittmuster und Schnittmusterbogen
x Toilettenpapier
Trauerpapiere
Tütenfabriken
Zigarettenspitzen

11. Pappenerzeugnisse.

Bierglasuntersetzer
x Eierversandschachteln
x Etuis
x Lackwaren
Pappdosen
Pappenerzeugnisse
Pappteller- und Bäckereibedarfsartikel
Passepartouts
Photographiekarton
Postkartenrahmen
Schiefertafeln aus Pappe
Torfplatten
Gärtnerei-Bedarfsartikel

12. Kartonnagen, Faltschachteln, Packungen usw.

Die zahlreichen Abnehmerkreise für Kartonnagenfabriken sind dadurch gekennzeichnet, daß bei Branchen, die als Abnehmer von Papiermaschinen in diesem Verzeichnis aufgeführt sind und für ihre Erzeugnisse Verpackungsmittel benötigen, ein x vermerkt ist.

13. Spielkartenfabriken

14. Tapetenfabriken und -Handlungen

15. Aluminium und Zinnfolien

Aluminium
Blattmetall
Flaschenkapseln
Staniol
x Tuben aus Zinn usw.
Zinnfolien

16. Asbestschiefer und Baugeschäfte

Asbestschiefer
Baugeschäfte
Eternit (Syenit, Asbestolit usw.)

BRANCHEN-VERZEICHNIS

17. Banken, Sparkassen, Versicherungsgesellschaft
Banken
Geldschrankfabriken
Sparkassen
Versicherungsgesellschaften

18. Bürsten und Seilerwaren
x Bürsten
Seilerwaren
x Pinsel
x Zahnbürsten

19. Zelluloid und Zelluloidwaren
Zelluloid
x Zelluloidwaren
x Dauerwäsche
Galalith
x Haarschmuck
Hornwaren
x Kämme
x Knöpfe

20. Zigarren, Zigaretten und Tabak
x Zigaretten
x Zigarrenhülsen
Zigarettenpapier
x Zigarren
x Zigarrenkisten
x Tabak
x Tabakpfeifen

21. Elektrotechnik
Elektromotoren
x Elektrotechnik
Glimmerplatten
Isoliermaterial
Kabelwerke
x Taschenlampen
Telephonwerke

22. Filzwaren
Filzwaren
Polierscheiben

23. Galanterie- und Spielwaren sowie Scherzartikel
x Kotillonartikel
x Fächer
Fahnen (aus Papier)
x Galanteriewaren
x Illuminationsartikel
x Masken
x Perlmutterartikel
x Puppen
x Reiseandenken
x Spiele
x Spielwaren
x Scherzartikel

24. Glas und Porzellan
x Glaswaren
x Glaspakete
x Kristallwaren
x Nippsachen
x Porzellanwaren
Steingut

25. Gummi und Guttapercha
x Gummi und Gummiwaren
Dichtungsmaterial (Klingerit usw.)
Grammophonplatten
x Gummistempel
Guttapercha
Hartgummi
Linoleum
x Stempel
Schablonen

26. Holzwaren, Möbel, Holzfurnier, Kinderwagen, Korbwaren usw.
Bleistifte
Federhalter
Federkasten
Goldleisten
Holzfurniere
Holzindustrie
Holzmosaik
Holzwaren
Jalousien
Kinderwagen
Kisten
Kleiderbügel
Korbwaren
Korkwaren
Ladeneinrichtungen
Luftschiffe
Matratzen
Maßstäbe
Modellfabriken
Möbel
Ornamente (aus Holz)
Rahmen
Spanschachteln
Spiegel und Bilderrahmen
Zollstöcke

BRANCHEN-VERZEICHNIS

27. Hüte, Mützen usw.
x Hüte
  Hutleder
x Mützen
x Pelzwaren
x Schirme
  Stöcke

28. Instrumente und Uhren
  Apparate, photographische und Harmonikafabriken
x Instrumente, optische
x Instrumente, technische
x Musikinstrumente
  Piano und Pianomechaniken
x Notenrollen (Phonola usw.)
  Reißzeuge
x Uhren

29. Kakao-, Schokolade- und Zuckerwaren.
x Kakao und Schokolade
x Zuckerwaren

30. Leder und Lederwaren
x Armband
x Bandagen
x Bartbinden
x Brieftaschen
  (Fiber, Vulkanfiber)
x Gürtel und Hosenträger
x Handschuhe
  Koffer
  Kunstleder
  Lederhandlungen
  Ledermöbel
x Lederwaren
  Markttaschen
  Militäreffekten
x Papiergeldtaschen
  Peitschen
  Portefeuille
  Reiseartikel
  Riemenfabriken
  Sattler
  Sportartikel
  Schulranzen
x Streichriemen
  Treibriemen

31. Manufaktur- und Wollwaren, Korsetts
x Korsetts
  Dekoration
  Dochte
x Handschuhe
x Konfektion
x Krawatten
  Manufakturwaren
x Posamenten
x Rüschen
x Spitzen
  Spitzen
x Stoffwäsche
x Strickwaren
x Tapisserie
x Trikotagen
  Tuchhandlungen
  Uniformen
x Wäsche
x Wollwaren
  Zuggardinen
  Polsterwaren

32. Maschinenfabrik usw.
  Automobile
  Dampfkesselfabriken
  Industriebetriebe, große
  Lokomotiv- und Waggonbau
  Maschinenfabriken, Werkzeugmaschinen
  Schiffsbau (Werften)

33. Metallwaren
x Armaturen
x Beleuchtungskörper
x Bijouterie
x Blechwaren
x Bronzewaren
x Draht und Drahtwaren
  Emaillewaren
  Fahrräder
x Feinmechanische Werkstätten
x Gasbedarfsartikel
x Gold- und Silberwaren
x Kleineisenwaren, Werkzeuge
x Lampen
  Metallgewebe
x Metallwaren
x Nadel
x Nägel
x Nähmaschinen
x Nieten
  Ornamente (aus Metall)
x Rasiermesser und Apparate
x Schlösser
x Schrauben
x Stahlfedern
x Stahlwaren
x Taschenmesser
x Waffen

BRANCHEN-VERZEICHNIS

34. Nahrungsmittel

x Biskuit
  Konserven
  Gelatine
x Hefe (Preßhefe)
x Kaffee und Ersatzmittel
x Keks
x Kunsthonig
x Margarine
x Marmelade
x Molkereien
x Nährmittel
x Nudelfabriken
  Oblaten
x Südfrüchte, Spirituosen
x Teigwaren
x Wurstfabriken
  Fettfabrik
  Fleischextrakt

35. Photographische Ateliers

36. Pulver-, Sprengstoff-, Farben- und chem. Fabriken

x Anilin
x Chemische Fabriken
x Drogen
  Dynamit
x Farbbänder
x Farben und Farbstifte
x Feuerwerkskörper
x Films und Packung dazu
x Kerzen
x Klebstoffe
  Lackfabriken
  Malerfarben
  Ölfabriken
x Parfümerie
x Patronen
x Pharmazeutische Präparate
x Photochemische Werke
  Pulver
x Pyrotechnische Fabriken
  Sanitätsartikel

x Seifen
  Sprengstoffe
x Stärke
x Tinten und Tusche
x Wachswaren
x Zündhölzer

37. Schmirgelerzeugnisse

  Glaspapier
  Schmirgelleinen
  Schmirgelpapier
  Schmirgelschleifscheiben
  Wetzsteine

38. Schuhfabriken

  Holzschuhe
x Schuhe (Leder und Tuch)
  Schuhmacherbedarfsartikel

39. Textil-Industrie

x Bandfabriken
x Baumwollwaren
  Blaudruck
x Bleicherei
  Färberei
  Faserstoff
  Flachsspinnerei
x Gardinen
  Leinenindustrie
x Nähfaden
x Samt und Seide
  Spinnerei
  Stapelfaser
x Stickerei
x Textilwerke, Bettfedern
  Tuchfabriken
  Wachstuch
x Weberei
x Zwirnerei

40. Verbandstoffe und Watte

  Lazarette und Krankenhäuser
x Verbandstoffe
x Watte

PAPIERFORMAT-ORDNUNG

Deutsche Industrie-Normen

| DIN | Papierformate | | | | 476 |

Bezeichnungsbeispiel
Der Viertelbogen der Reihe A heißt:
Format A4

Die Abmessungen gelten als *Größtmaße*; Toleranzen sind nach unten zu legen und auf das äußerste zu beschränken.

Das Seitenverhältnis aller Formate ist $1 : \sqrt{2}$, also gleich dem Verhältnis der Seite eines Quadrats zu seiner Diagonalen.

Die Ausgangsnorm ist das Format A0 (841 × 1189), dessen Fläche = 1 m² ist. Die Formate einer *Reihe* gehen durch Hälfteln, Vierteln, Achteln usw. aus ihrem größten Bogen hervor.

Die *Klasse* eines Formates gibt an, wie oft der zugehörige Vierfachbogen gefalzt oder zerschnitten werden muß, damit dieses Format entsteht; z. B. entsteht das Format A4 durch viermalige Falzung des Formats A0.

Die *Reihe B* ist die erste, die Reihen C und D sind die zweiten geometrischen Zwischenstufen zur Reihe A.

Die Reihe A ist unter allen Umständen zu bevorzugen. Nur wenn sie einen vorliegenden Zweck nicht erfüllt, ist Reihe B zuzuziehen. Erst an dritter Stelle kommen die Reihen C oder D in Betracht.

Das Format A4 (210 × 297) gilt als *Einheitsbriefbogen* für die bisherigen Briefquart- und Folioformate.

Das Format A6 (105 × 148) ist *Postkarten-* und *Taschenformat*.

Die Formate der *Reihe A* gelten als Fertigformate für:
technische Zeichnungen
 (siehe DINORM 823)
Geschäftspapiere
Karteikarten
Vordrucke
  usw

Klasse	Format Benennung	Reihe A Vorzugsreihe mm	Reihe B mm	Reihe C mm	Reihe D mm
0	Vierfachbogen	841 × 1189	1000 × 1414	917 × 1297	771 × 1090
1	Doppelbogen	594 × 841	707 × 1000	648 × 917	545 × 771
2	Bogen	420 × 594	500 × 707	458 × 648	385 × 545
3	Halbbogen	297 × 420	353 × 500	324 × 458	272 × 385
4	Viertelbogen	210 × 297	250 × 353	229 × 324	192 × 272
5	Blatt	148 × 210	176 × 250	162 × 229	136 × 192
6	Halbblatt	105 × 148	125 × 176	114 × 162	96 × 136
7	Viertelblatt	74 × 105	88 × 125	81 × 114	68 × 96
8	Achtelblatt	52 × 74	62 × 88	57 × 81	48 × 68
9	—	37 × 52	44 × 62		
10	—	26 × 37	31 × 44		
11	—	18 × 26	22 × 31		
12	—	13 × 18	15 × 22		
13	—	9 × 13	11 × 15		

18. August 1922 — Normenausschuß für das graphische Gewerbe

PAPIERFORMAT-ORDNUNG

Vor und nach der Normung der Papierformate.

Die schematische Darstellung, die dem DIN-Buch 1, „Papierformate" von Dr. W. Portsmann entnommen ist, gibt ein anschauliches Bild von der Auswirkung der Papierformat-Ordnung.

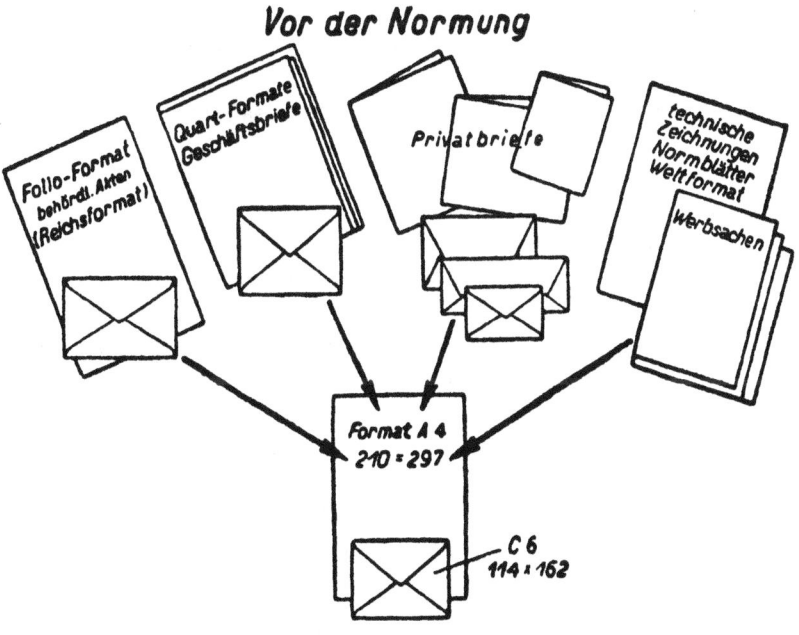

Nachdruck der beiden tabellarischen Übersichten nur mit Genehmigung des Normenausschusses der Deutschen Industrie gestattet.

LITERATUR-VERZEICHNIS

IX.
Literatur-Verzeichnis.

Prof. Dr.-Ing. G. Schlesinger: Über Normung, Typung und Spezialisierung. Verlag: Normenausschuß der Deutschen Industrie.

Otto Schulz-Mehrin, Ing.: Die industrielle Spezialisierung, Wesen, Wirkung, Durchführungsmöglichkeiten und Grenzen. Verlag des Vereins deutscher Ingenieure, Berlin.

Dr. Georg Garbotz: Vereinheitlichung in der Industrie. Verlag R. Oldenbourg, München und Berlin.

Dr. W. Porstmann: „Papierformate", Dinbuch 1, 2. Auflage. Verlag: Dinorm, Berlin NW 7.
— Normenlehre, Grundlagen, Reform, Organisation der Maß- und Normen-Systeme. Schulwissenschaftlicher Verlag A. Haase, Leipzig.
— Sprache und Schrift. Verlag des Vereins deutscher Ingenieure, Berlin.
— Untersuchungen über Aufbau und Zusammenschluß der Maßsysteme. Verlag: Normenausschuß der Deutschen Industrie, Berlin NW 7.

Porstmann-Vogt: Die Kartei. 2. Auflage. Verlag: „Organisation" Verlagsgesellschaft m. b. H., Berlin.

Rudolf Ullstein: Die Normung der Papierformate. Vortrag, gehalten auf dem Internationalen Buchdrucker-Kongreß in Göteborg.

Normenausschuß für das graphische Gewerbe: Veröffentlichung I—VII, besonders Veröffentlichung III Prof. Dr. Wilhelm Ostwald, „Normungs-Grundsätze". Verlag: Normenausschuß für das graphische Gewerbe, Leipzig.

Felix Krais, Kommerzienrat: Technische Normen für das graphische Gewerbe.

Prof. Dr. Paul Krais: Werkstoffe, Handwörterbuch der technischen Waren und ihrer Bestandteile. Verlag: Johann Ambrosius Barth, Leipzig.

Kataloge und Werbeblätter über Papierverarbeitungsmaschinen von 145 deutschen Firmen.

Unterlagen des Papierverarbeitungs-Maschinen-Verbandes (PMV).
    „   „ Vereins deutscher Druckmaschinen-Fabrikanten (VDD).
    „   „ Vereins deutscher Kuvertmaschinen-Fabrikanten (VDKF).
    „   „ Vereins deutscher Maschinenbau-Anstalten (VDMA).

Vom Verfasser herausgegeben, unter Mitarbeit von Fachleuten:

Krause-Handbuch I. Teil: „Verwendbarkeit der Krause-Maschinen".
Krause-Handbuch II. Teil: „Welches Krause-Maschinen-Modell biete ich an?"
— Tabelle „Schneidemaschinen".
— Tabelle „Kreisscheren, Rill-, Ritz- und Nutmaschinen".
— Tabelle „Werkstoffe". Angaben über die Verarbeitung der gebräuchlichsten Werkstoffe auf Kreisscheren, Rill-, Ritz- und Nutmaschinen.
— Graphische Ermittlungstafel zu Kreisscheren, Rill-, Ritz- und Nutmaschinen.
— Ermittlungstabelle für Schachteltiefe, Schlitztiefe und Überlappung bei Faltschachteln mit Lappenverschluß.

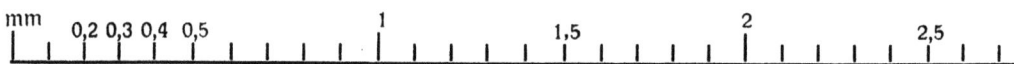

Materialstärke in mm

Graph

3,5　　4　　4,5　　5　　5,5　　6

ne Ermittlungstafel „Krause"

ause-Kreisscheren, Rill-, Ritz- und Nutmaschinen

Anleitung:

Durch Benutzung dieser Tafel kann schnell und auf höchst einfache Weise durch Anlegen einer geraden Linie durch einen bestimmten Punkt die jeweilig höchst zulässige Anzahl der Werkzeuge für die Verarbeitung eines bestimmten Werkstoffes in einer bestimmten Stärke auf einer bestimmten Maschine ermittelt werden.

Zum Beispiel: Auf der Maschine J P a r z b p g (Gruppe J P a — siehe Tabelle „Werkstoffe") soll 1 mm starke Lederpappe geschnitten werden. Aus der untenstehenden Orientierungstabelle ist in gleicher Weise wie in der Tabelle „Werkstoffe" zuerst die Maschinengruppe zu suchen und dann in der Spalte des betreffenden Werkstoffes der dem vorgeschriebenen Arbeitsvorgang entsprechende Punkt zu entnehmen. Für unser Beispiel ist also in der Gruppe „JPa" unter der Spalte **„Lederpappe"** der dem Arbeitsvorgang **„Schneiden"** entsprechende Punkt **Nr. 28** abzulesen. Durch diesen **Punkt 28** und die **Materialstärke 1 mm** in der oberen Skala ist nun eine gerade Linie (z. B. mittels eines Lineales) zu legen und mit dieser geraden Linie an der unteren Skala die höchste zulässige **Anzahl der Werkzeuge von 20**

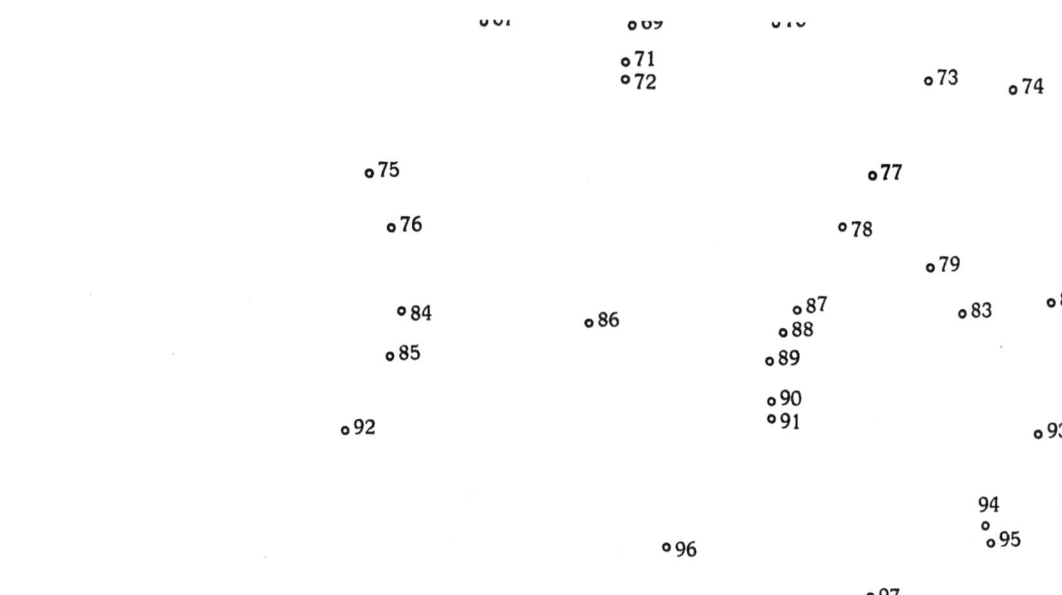

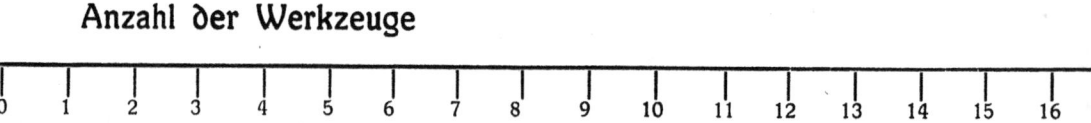

Anzahl der Werkzeuge

Orientier

mittels eines Lineales) zu legen und mit dieser geraden Linie an der unteren Skala die höchste zulässige **Anzahl der Werkzeuge von 20** abzulesen.

Hierbei ist besonders zu beachten, daß der **Punkt 28** nur für die Materialstärken 0,2 mm bis 2 mm anzuwenden ist, da alle in der graphischen Ermittlungstafel angeführten Punkte nur innerhalb der Grenzwerte, die in der Tabelle „Werkstoffe" unter **Materialstärke, Maximum und Minimum** angegeben sind, Geltung haben.

Erscheinen in einer Spalte der untenstehenden Orientierungstabelle zwei Nummern nebeneinander, so ist stets die Nummer auszuwählen, die laut beigedrucktem Zeichen den zugehörigen Grenzwerten mit dem gleichen Zeichen in der Tabelle „Werkstoffe" entspricht. Die beigedruckten Zeichen weisen in diesem Falle auf die Ausstattung bzw. auf eine Verstellung der Maschine hin.

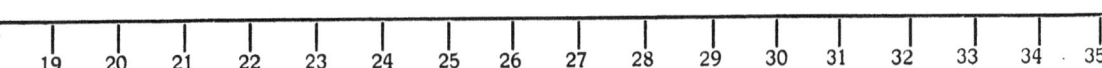

Mißbräuchliche Verwendung und Nachdruck wird gesetzlich verfolgt.

Karl Krause, Leipzig.

Orientie

Gruppe	Arbeitsvorgang	Lederpappe Punkt Nr.	Punkt Nr.	Holzpappe Strohpappe Punkt Nr.	Punkt Nr.	Lumpenpappe Punkt Nr.	Punkt Nr.	Preßspan Punkt Nr.	Punkt Nr.	Vulka ungel Punkt Nr.
DG54	Schneiden	84	—	84	—	75	—	66	—	57
DEc	Schneiden	39	—	39	—	25	74▽	11	53▽	17
DHc	Schneiden	61	—	61	—	42	93▽	26	79▽	23
DLc	Schneiden	40	74▽	40	74▽	31	43▽	13	27▽	23
DMc	Schneiden	40	63▽	40	63▽	31	35▽	13	18▽	23
DOc	Schneiden	32	81▽	32	81▽	20	45▽	6	28▽	23
DFb	Schneiden	89	97▽	89	97▽	89	97▽	72	91▽	71
DHb	Schneiden	87	—	87	—	87	—	69	—	68
DJb	Schneiden	78	100▽	78	100▽	78	100▽	59	95▽	58
DKb	Schneiden	77	98▽	77	98▽	77	98▽	50	83▽	49
DLb	Schneiden	73	99▽	73	99▽	73	99▽	39	74▽	41
DMb	Schneiden	65	80▽	65	80▽	65	80▽	39	83▽	36
JF	Ritzen	96»»	84o	96»»	84o	96»»	84o	86»»	84o	—
	Patentrillen	84	—	—	—	—	—	—	—	—
JG	Ritzen	96»»	84o	96»»	84o	96»»	84o	96»»	84o	—
	Patentrillen	84	—	—	—	—	—	—	—	—
JKb	Ritzen	88»»	67o	88»»	67o	88»»	67o	69»»	67o	—
	Patentrillen	69	—	—	—	—	—	—	—	—
JLb	Ritzen	88»»	67o	88»»	67o	88»»	67o	88»»	67o	—
	Patentrillen	69	—	—	—	—	—	—	—	—
JMb	Ritzen	88»»	67o	88»»	67o	88»»	67o	69»»	67o	—
	Patentrillen	69	—	—	—	—	—	—	—	—
JNb	Ritzen	88»»	67o	88»»	67o	88»»	67o	69»»	67o	—
	Patentrillen	69	—	—	—	—	—	—	—	—
	Nuten mit Spanausheber	—	—	—	—	85	—	—	—	—
	Nuten ohne Spanaausheber	—	—	—	—	92	—	—	—	—
JOb	Ritzen	88»»	67o	88»»	67o	88»»	67o	69»»	67o	—
	Patentrillen	69	—	—	—	—	—	—	—	—
	Nuten mit Spanaausheber	—	—	—	—	85	—	—	—	—
	Nuten ohne Spanaausheber	—	—	—	—	92	—	—	—	—
JPb	Ritzen	88»»	67o	88»»	67o	88»»	67o	69»»	67o	—
	Patentrillen	69	—	—	—	—	—	—	—	—
	Nuten mit Spanaausheber	—	—	—	—	85	—	—	—	—
	Nuten ohne Spanaausheber	—	—	—	—	92	—	—	—	—
JSb	Ritzen	88»»	67o	88»»	67o	88»»	67o	69»»	67o	—
	Patentrillen	69	—	—	—	—	—	—	—	—
	Nuten mit Spanaausheber	—	—	—	—	85	—	—	—	—
	Nuten ohne Spanaausheber	—	—	—	—	92	—	—	—	—
JMa	Schneiden	48	70▽	48	70▽	34	54▽	19	34▽	12
	Ritzen	88»»	67o	88»»	67o	88»»	—	69»»	33o	—
	Patentrillen	69	—	—	—	—	—	—	—	—
	Nuten mit Spanaausheber	—	—	—	—	85	—	—	—	—
	Nuten ohne Spanaausheber	—	—	—	—	92	—	—	—	—

Vor dem Ablesen sind stets die Grenzw

Mißbräuchliche Verwendung und Nachdruck wird gesetzlich verfolgt.   Karl Krause, Leipzig.

...gstabelle

...ruppe	Arbeitsvorgang	Lederpappe Punkt Nr.	Punkt Nr.	Holzpappe Strohpappe Punkt Nr.	Punkt Nr.	Lumpen- pappe Punkt Nr.	Punkt Nr.	Preßspan Punkt Nr.	Punkt Nr.	Vulkanfiber ungenarbt Punkt Nr.	Punkt Nr.
Na	Schneiden	35	47▽	35	47▽	24	35▽	8	18▽	5	14▽
	Ritzen	88»»	67o	88»»	67o	88»»	—	69»»	33o	—	—
	Patentrillen	69	—	—	—	—	—	—	—	—	—
	Nuten mit Spanausheber	—	—	—	—	85	—	—	—	—	—
	Nuten ohne Spanausheber	—	—	—	—	92	—	—	—	—	—
Pa	Schneiden	28	37▽	28	37▽	15	22▽	4	9▽	2	7▽
	Ritzen	88»»	67o	88»»	67o	88»»	—	69»»	33o	—	—
	Patentrillen	69	—	—	—	—	—	—	—	—	—
Qa	Schneiden	28	37▽	28	37▽	15	22▽	4	9▽	2	7▽
	Ritzen	88»»	67o	88»»	67o	88»»	—	69»»	33o	—	—
	Patentrillen	69	—	—	—	—	—	—	—	—	—
Ra	Schneiden	28	37▽	28	37▽	15	22▽	4	9▽	2	7▽
	Ritzen	88»»	67o	88»»	67o	88»»	—	69»»	33o	—	—
	Patentrillen	69	—	—	—	—	—	—	—	—	—
Mav	Schneiden	51	64▽	51	64▽	35	47▽	24	35▽	5	14▽
	Ritzen	77»»	67o	77»»	67o	88»»	—	69»»	56o	—	—
	Patentrillen	70	—	—	—	—	—	—	—	—	—
	Nuten mit Spanausheber	—	—	—	—	85	—	—	—	—	—
	Nuten ohne Spanausheber	—	—	—	—	92	—	—	—	—	—
Nav	Schneiden	44	52▽	44	52▽	28	37▽	15	22▽	2	7▽
	Ritzen	77»»	67o	77»»	67o	88»»	—	69»»	56o	—	—
	Patentrillen	70	—	—	—	—	—	—	—	—	—
	Nuten mit Spanausheber	—	—	—	—	85	—	—	—	—	—
	Nuten ohne Spanausheber	—	—	—	—	92	—	—	—	—	—
Pav	Schneiden	38	46▽	38	46▽	21	29▽	10	16▽	1	3▽
	Ritzen	77»»	67o	77»»	67o	88»»	—	69»»	56o	—	—
	Patentrillen	70	—	—	—	—	—	—	—	—	—
	Nuten mit Spanausheber	—	—	—	—	85	—	—	—	—	—
	Nuten ohne Spanausheber	—	—	—	—	92	—	—	—	—	—
Qav	Schneiden	38	46▽	38	46▽	21	29▽	10	16▽	1	3▽
	Ritzen	77»»	67o	77»»	67o	88»»	—	69»»	56o	—	—
	Patentrillen	70	—	—	—	—	—	—	—	—	—
Rav	Schneiden	38	46▽	38	46▽	21	29▽	10	16▽	1	3▽
	Ritzen	77»»	67o	77»»	67o	88»»	—	69»»	56o	—	—
	Patentrillen	70	—	—	—	—	—	—	—	—	—

Zeichen-Erklärung:

▽ Bei tiefer gestellter oberer Messerwelle und gleichmäßiger Verteilung der Messer über die ganze Maschinenbreite.
»» Gegen volle Ritzwalze arbeitend.
o Gegen glatten Muff auf Rillwelle arbeitend.

...n der Tabelle „Werkstoffe" zu beachten.

GPSR Compliance

The European Union's (EU) General Product Safety Regulation (GPSR) is a set of rules that requires consumer products to be safe and our obligations to ensure this.

If you have any concerns about our products, you can contact us on

ProductSafety@springernature.com

In case Publisher is established outside the EU, the EU authorized representative is:

Springer Nature Customer Service Center GmbH
Europaplatz 3
69115 Heidelberg, Germany